U0271599

聪明宝宝营养圣经

主编　焦明耀　高思华

中医古籍出版社

图书在版编目（CIP）数据

聪明宝宝营养圣经 / 焦明耀，高思华主编. —北京：中医古
籍出版社，2016.10

ISBN 978 – 7 – 5152 – 1321 – 7

Ⅰ. ①聪… Ⅱ. ①焦… ②高… Ⅲ. ①婴幼儿—保健
—食谱Ⅳ. ①TS972.162

中国版本图书馆CIP数据核字(2016)第200221号

聪明宝宝营养圣经

主　　编：	焦明耀　高思华
责任编辑：	赵东升
出版发行：	中医古籍出版社
社　　址：	北京市东直门内南小街16号（100700）
印　　刷：	北京彩虹伟业印刷有限公司
发　　行：	全国新华书店发行
开　　本：	710mm×1000mm　1/16
印　　张：	14
字　　数：	375 千字
版　　次：	2016 年 10 月第 1 版　　2016 年 10 月第 1 次印刷
书　　号：	ISBN 978 – 7 – 5152 – 1321 – 7
定　　价：	39.00 元

前言

　　从妈妈怀孕开始到婴儿出生后6周岁之间，是奠定人一生健康的关键时期。宝宝体质是否强健，智力是否优异，一方面取决于先天遗传因素，另一方面还取决于后天调养。适宜的营养和喂养不仅关系到婴幼儿近期的生长发育，也关系到其长期的健康。如果辅食添加期喂养不足，会出现孩子比照同龄人生长缓慢，即使成年后也身材矮小；相反，辅食添加期过分喂养，会使孩子表现出生长快速，到儿童期或成年后容易肥胖，引起高血压、心血管疾患；还有的孩子由于喂养不当，辅食添加期出现过敏现象，到长大后仍摆脱不了对某些食物过敏，或患过敏性疾病。可以毫不夸张地说，宝宝喂养得当与否，将影响其终身！

　　本书以宝宝生长发育的时间为顺序，从新生儿到学龄前时期，告诉爸爸妈妈在宝宝成长的每个阶段，生理状况是怎样的，都需要补充哪些营养素，所需要的营养素该如何在食物中搭配，可能会遇到哪些问题等。详细地介绍了宝宝成长阶段的膳食结构和食物的调配方法，精心设计出了多款菜式、粥、汤羹和面点，保证宝宝在不同的生长阶段吃到更多通过科学搭配的营养食物。利用食物中所含的营养成分，运用科学的烹调方法，针对宝宝的不同体质，供给其所需的营养素。不但能预防宝宝在不同时期可能发生的疾病，而且能让宝宝在享受美食的同时，增强机体抵抗能力，减少疾病的发生。

　　本书风格时尚高雅，设计新颖别致，版式轻松活泼，内容精辟周到，语言通俗易懂，实用性和指导性兼具，力求成为"宝宝科学喂养的圣经"。

　　我们深信：科学的喂养，会让宝宝生长发育所需的营养取之有道；而均衡的膳食，则会全面提升宝宝的免疫力。阅读本书，您将会在专家的指导下，轻轻松松喂养出健康聪明的宝宝！

编者

目录

 第一章 0～1岁聪明宝宝 辅助食谱 /1

第二章　1～3岁聪明宝宝营养食谱 /43

第三章　4～6岁聪明宝宝益智食谱 /101

好吃小·零食 /153

第四章 宝宝特效功能食谱 /101

如何为宝宝选择功能性食品 /162

科学营养 补锌食谱 /164

科学营养 补铁食谱 /172

科学营养 补钙食谱 /182

科学营养 益智健脑食谱 /195

科学营养 明目食谱 /202

科学营养 健齿食谱 /207

雪科学营养 开胃消食食谱 /212

第一章 0～1岁聪明宝宝辅助食谱

0～1岁聪明宝宝喂养指南

当宝宝顺利分娩后，准爸爸、准妈妈就变成了真正意义上的爸爸妈妈。接下来，为人父母的你们就需要在以后的生活中科学、细心地来呵护、照料小宝宝，以保证宝宝能够更加健康、快乐地成长起来。

✱ 母乳是婴儿最理想的天然食品

母乳，含有婴儿生长发育中必不可少的各种营养成分。母乳中的蛋白质容易消化吸收，又含有较多的乳糖，母乳喂养的婴儿肠炎的发病率较人工喂养的低。人奶所含脂肪球小，又有乳汁中的鲜脂酶帮助脂肪的消化，有利脂肪的吸收。人奶中的钙磷比例恰当，钙也易吸收；母乳还有抗感染的作用，乳汁中含有的免疫抗体能保护婴儿避免肠道和呼吸道感染，其还含有乳铁蛋白、溶菌酶及各种细胞成分等也有利于抗感染；母乳新鲜不易被细菌污染，经济方便，随时可吃，温度又适宜。哺乳可以增加母婴之间的感情交流，有利孩子心理的健康发育。哺乳时母亲能及时发现婴儿是否发热，胃口情况如何等。哺乳对母亲本人来说也有很多好处，如促使子宫尽快恢复正常，并能减少患乳腺癌的机会。

✱ 产后尽早开奶，初乳营养最好

初乳对婴儿十分珍贵，含有丰富的免疫活性物质，对婴儿防御感染及初级免疫系统的建立十分重要；初乳也有通便的作用，可以清理初生儿的肠道和胎便。

产后30分钟即可喂奶。尽早开奶可减轻婴儿生理性黄疸、生理性体重下降和低血糖的发生。

✱ 尽早抱宝宝到户外活动，或适当补充维生素D

母乳中维生素D含量较低，家长应尽早抱婴儿到户外活动，适宜的阳光会促进皮肤维生素D的合成；也可适当补充富含维生素D的制剂。

✱ 给新生儿和0～6个月宝宝及时补充适量维生素K

由于母乳中维生素K含量低，为了预防新生儿和0～6月龄婴儿维生素K缺乏相关的出血性疾病，应在保健医生指导下注意及时给新生儿和0～6月龄婴儿补充维生素K。

✱ 不能纯母乳喂养，宜首选用婴儿配方食品喂养

由于种种原因，当不能用纯母乳喂养婴儿时，如乳母患有传染性疾病、精神障碍、乳汁

分泌不足或无乳汁分泌等，建议首选适合于 0～6 月龄婴儿的配方（奶）粉喂养，不宜直接用液态奶、成人奶粉、蛋白粉等喂养婴儿。

婴儿配方食品是随食品工业和营养学的发展而产生的除了母乳外，适合 0～6 月龄婴儿生长发育需要的食品，人类通过不断对母乳成分、结构等进行研究，以母乳为蓝本对动物乳进行改造，添加了多种微量营养素，使其产品成分、含量逐渐接近人乳。

★ 6～12 个月宝宝喂养指南：

＊ 1. 继续母乳喂养，满 6 月龄起添加辅食

母乳仍然可以为满 6 月龄（出生 180 天）后婴幼儿提供部分能量、优质蛋白质、钙等重要营养素，以及各种免疫保护因子等。继续母乳喂养也仍然有助于促进母子间的亲密连接，促进婴幼儿发育。因此 7～24 月龄婴幼儿应继续母乳喂养。不能母乳喂养或母乳不足时，需要以配方奶作为母乳的补充。

婴儿满 6 月龄时，胃肠道等消化器官已相对发育完善，可消化母乳以外的多样化食物。同时，婴儿的口腔运动功能，味觉、嗅觉、触觉等感知觉，以及心理、认知和行为能力也已准备好接受新的食物。此时开始添加辅食，不仅能满足婴儿的营养需求，也能满足其心理需求，并促进其感知觉、心理及认知和行为能力的发展。

【关键推荐】

1. 婴儿满 6 月龄后仍需继续母乳喂养，并逐渐引入各种食物。

2. 辅食是指除母乳和 / 或配方奶以外的其他各种性状的食物。

3. 有特殊需要时须在医生的指导下调整辅食添加时间。

4. 不能母乳喂养或母乳不足的婴幼儿，应选择配方奶作为母乳的补充。

＊ 2. 从富铁泥糊状食物开始，逐步添加达到食物多样

7～12 月龄婴儿所需能量约 1/3～1/2 来自辅食，13～24 月龄幼儿约 1/2～2/3 的能量来自辅食，而母乳喂养的婴幼儿来自辅食的铁更高达 99%。因而婴儿最先添加的辅食应该是富铁的高能量食物，如强化铁的婴儿米粉、肉泥等。在此基础上逐渐引入其他不同种类的食物以提供不同的营养素。

辅食添加的原则：每次只添加一种新食物，由少到多、由稀到稠、由细到粗，循序渐进。从一种富铁泥糊状食物开始，如强化铁的婴儿米粉、肉泥等，逐渐增加食物种类，逐渐过渡到半固体或固体食物，如烂面、肉末、碎菜、水果粒等。每引入一种新的食物应适应 2～3 天，密切观察是否出现呕吐、腹泻、皮疹等不良反应，适应一种食物后再添加其他新的食物。

【关键推荐】

1. 随母乳量减少，逐渐增加辅食量。

2. 首先添加强化铁的婴儿米粉、肉泥等富铁的泥糊状食物。

3. 每次只引入一种新的食物，逐步达到食物多样化。

4. 从泥糊状食物开始，逐渐过渡到固体食物。

5. 辅食应适量添加植物油。

✱ 3. 提倡顺应喂养，鼓励但不强迫进食

随着婴幼儿生长发育，父母及喂养者应根据其营养需求的变化，感知觉，以及认知、行为和运动能力的发展，顺应婴幼儿的需要进行喂养，帮助婴幼儿逐步达到与家人一致的规律进餐模式，并学会自主进食，遵守必要的进餐礼仪。

父母及喂养者有责任为婴幼儿提供多样化，且与其发育水平相适应的食物，在喂养过程中应及时感知婴幼儿所发出的饥饿或饱足的信号，并作出恰当的回应。尊重婴幼儿对食物的选择，耐心鼓励和协助婴幼儿进食，但绝不强迫进食。

父母及喂养者还有责任为婴幼儿营造良好的进餐环境，保持进餐环境安静、愉悦，避免电视、玩具等对婴幼儿注意力的干扰。控制每餐时间不超过 20 分钟。父母及喂养者也应该是婴幼儿进食的好榜样。

【关键推荐】

1. 耐心喂养，鼓励进食，但决不强迫喂养。

2. 鼓励并协助婴幼儿自己进食，培养进餐兴趣。

3. 进餐时不看电视、玩玩具，每次进餐时间不超过 20 分钟。

4. 进餐时喂养者与婴幼儿应有充分的交流，不以食物作为奖励或惩罚。

5. 父母应保持自身良好的进食习惯，成为婴幼儿的榜样。

✱ 4. 辅食不加调味品，尽量减少糖和盐的摄入

辅食应保持原味，不加盐、糖以及刺激性调味品，保持淡口味。淡口味食物有利于提高婴幼儿对不同天然食物口味的接受度，减少偏食挑食的风险。淡口味食物也可减少婴幼儿盐和糖的摄入量，降低儿童期及成人期肥胖、糖尿病、高血压、心血管疾病的风险。

强调婴幼儿辅食不额外添加盐、糖及刺激性调味品，也是为了提醒父母在准备家庭食物时也应保持淡口味，即既为适应婴幼儿的需要，也为保护全家人的健康。

【关键推荐】

1. 婴幼儿辅食应单独制做。

2. 保持食物原味，不需要额外加糖、盐及各种调味品。

3. 1 岁以后逐渐尝试淡口味的家庭膳食。

0~1 岁聪明宝宝辅助食谱

✱ 5. 注重饮食卫生和进食安全

选择新鲜、优质、无污染的食物和清洁水制做辅食。制做辅食前须先洗手。制做辅食的餐具、场所应保持清洁。辅食应煮熟、煮透。制做的辅食应及时食用或妥善保存。进餐前洗手，保持餐具和进餐环境清洁、安全。

婴幼儿进食时一定要有成人看护，以防进食意外。整粒花生、坚果、果冻等食物不适合婴幼儿食用。

【关键推荐】

1. 选择安全、优质、新鲜的食材。

2. 制做过程始终保持清洁卫生，生熟分开。

3. 不吃剩饭，妥善保存和处理剩余食物。

4. 饭前洗手，进食时应有成人看护，并注意进食环境安全。

✱ 6. 定期监测体格指标，追求健康生长

适度、平稳生长是最佳的生长模式。每3个月一次定期监测并评估 7～24 月龄婴幼儿的体格生长指标有助于判断其营养状况，并可根据体格生长指标的变化，及时调整营养和喂养。对于生长不良、超重肥胖，以及处于急慢性疾病期间的婴幼儿应增加监测次数。

【关键推荐】

1. 体重、身长是反映婴幼儿营养状况的直观指标。

2. 每3个月一次，定期测量身长、体重、头围等体格生长指标。

3. 平稳生长是最佳的生长模式。

3～4个月　添加流质性辅食

0～1岁聪明宝宝辅助食谱

宝宝满3个月的时候，虽然还不能正常地添加辅食，但是妈妈们最好能为宝宝添加一些果汁和菜汁，这样既满足了宝宝的维生素的需求，又可以为后面宝宝添加辅食做好准备。

● 黄瓜汁

主料：黄瓜半根。

制做：

1.黄瓜洗净后削掉外皮，切段。

2.将黄瓜段放进榨汁机打成汁，或者用手动式榨汁器碾压挤出汁，煮沸，晾温即可。

营养经

黄瓜富含蛋白质、糖类、维生素B2、维生素C、维生素E、胡萝卜素、尼克酸、钙、磷、铁等营养成分。

● 西红柿汁

主料：西红柿250克。

制做：

1.把西红柿洗干净，用热水烫后去皮。

2.再用纱布包好用手挤压出汁倒入杯中，再加入少许的温开水调匀，即可食用。

营养经

西红柿含有较多苹果酸、柠檬酸等有机酸，有机酸除了保护维生素C不被破坏，尚可软化血管，促进钙、铁元素的吸收，帮助胃液消化脂肪和蛋白质，这是其他蔬菜所不及的。西红柿中含有糖类、维生素C、B1、B2，胡萝卜素、蛋白质以及丰富的磷、钙等。其维生素C的含量高，相当于苹果含量的2.5倍，西瓜含量的10倍。一个成年人若每天食用300克的西红柿，便可满足人体一天对维生素及矿物质的需求。

苹果汁

主料：苹果半个。

制做：

1. 苹果洗净、去皮、去核，切成小块。

2. 放入榨汁机，搅打成汁，或者用手动式榨汁器碾压挤出果汁，煮沸即可。

营养经

苹果是含锌较丰富的水果之一，还含有多种维生素、粗纤维、糖类、脂质和大量的镁、硫、铁、铜、碘、锰等微量元素。

山楂水

主料：山楂 50 克。

调料：白糖适量。

制做：

1. 山楂清洗干净，去核，切片。

2. 将山楂片放入碗内，浇上沸水加盖闷片刻。

3. 待水稍凉，滤去山楂片，加入适量白糖，搅拌白糖溶化即可。

大米汤

主料：大米 50 克。

制做：

1. 锅内适量水烧开后，放入淘洗干净的大米。大火烧开后转小火，即可得到浓稠的米汤。

2. 粥好后，放 3 分钟，用勺舀取上面的米汤不含饭粒，放温即可。

香瓜汁

主料：鲜香瓜半个。

制做：

1. 香瓜洗净、去皮、去籽，切成小块。

2. 放入榨汁机中，加适量白开水搅拌成汁；倒出来沉淀后滤渣即可。

玉米汁

主料：鲜玉米1个。

制做：

1. 玉米煮熟，放凉后把玉米粒放入器皿里。

2. 按1：1的比例，把玉米粒和白开水放入榨汁机里，榨汁即可。

生菜苹果汁

主料：生菜50克，苹果1个。

调料：白糖适量。

制做：

1. 生菜洗净，切成块；苹果洗净，去皮，切成细条。

2. 将生菜块、苹果条加入白糖、半杯纯净水一起放入榨汁机中打匀，过滤出汁液来即可给宝宝食用。

● 鲜果时蔬汁

主料：黄瓜、胡萝卜各1根，芒果1个。

调料：白糖适量。

制做：

1.将黄瓜、胡萝卜分别洗净，切段；芒果洗净，去皮取果肉。

2.榨汁机内放入少量矿泉水、黄瓜、胡萝卜以及芒果果肉，榨汁加白糖拌匀即可。

营养经

胡萝卜被称为"土人参"，含有蛋白质、脂肪、碳水化合物、维生素C及大量的钙和胡萝卜素。胡萝卜素转化成的维生素A对促进宝宝的身体发育，特别是视力发育有重要的作用，并可以、增强宝宝抗病能力，同是也是宝宝出牙时不可缺少的营养素。

● 葡萄汁

主料：葡萄150克，苹果1/2个。

制做：

1.葡萄洗净去皮去籽，苹果洗净去皮去核切小块。

2.将两种水果分别放入榨汁机中榨汁，然后将两种果汁混合煮沸。

3.按1：1的比例兑入白开水，即可给宝宝饮用。

● 猕猴桃汁

主料：猕猴桃2个。

调料：白糖适量。

制做：

将猕猴桃洗干净，去皮，与凉开水一起放入榨汁机中榨出果汁，倒入杯中。加入白糖即可饮用。

聪明宝宝营养指南

绿豆汤

主料：绿豆 100 克。

调料：冰糖适量。

制做：

1. 将绿豆洗净备用。

2. 锅放清水烧开，然后放入绿豆，用大火烧煮，煮至汤水将收干时，添加滚开水，再煮 15 分钟，绿豆就开花酥烂。

3. 加入冰糖，再煮 5 分钟，过滤取汤即可。

雪梨汁

主料：雪梨 1 个。

调料：冰糖适量。

制做：

1. 雪梨洗净，去皮去核切成小块。

2. 放入榨汁机，加适量白开水及冰糖，榨成果汁即可。

小白菜汁

主料：小白菜 250 克。

制做：

1. 将小白菜择好、洗净，置水锅沸水中煮 3 ~ 5 分钟。

2. 放入榨汁机中加纯净水榨汁，过滤后即可饮用。

营养经

小白菜所含营养价值成分与白菜相近似，它含有蛋白质、脂肪、糖类、膳食纤维、钙、磷、铁、胡萝卜素、维生素 B1、维生素 B2、烟酸、维生素 C 等。其中钙的含量较高，几乎等于白菜含量的 2 ~ 3 倍。

莲藕汤

主料：莲藕 30 克，冬菇 15 克。

制做：

1. 莲藕削皮，切片；冬菇放温水中泡发，去蒂，洗净，切片。

2. 锅内加入适量清水，放入藕片，冬菇片，大火煮沸，取汤即可。

0 ~ 1 岁聪明宝宝辅助食谱

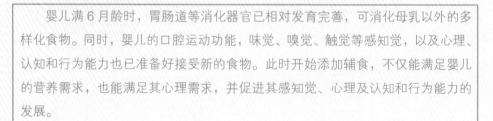

婴儿满 6 月龄时，胃肠道等消化器官已相对发育完善，可消化母乳以外的多样化食物。同时，婴儿的口腔运动功能，味觉、嗅觉、触觉等感知觉，以及心理、认知和行为能力也已准备好接受新的食物。此时开始添加辅食，不仅能满足婴儿的营养需求，也能满足其心理需求，并促进其感知觉、心理及认知和行为能力的发展。

蛋黄泥

主料：鸡蛋 1 个。

制做：

1.将鸡蛋洗净，放锅中煮熟，剥去蛋壳，除去蛋白，取其蛋黄。

2.加入开水少许，用匙搅烂即成，即可食用。

营养经

蛋黄中蕴藏着鸡蛋所有的核心营养，里面包含孕育整个生命的精华物质，对婴幼儿成长起着至关重要的作用。

鱼肉泥

主料：鱼肉 50 克。

制做方法

1.鱼肉洗净去皮、去骨刺，放入盘内，上锅蒸熟。

2.将鱼肉取出捣烂，加入少许盐拌匀即可。

红枣蛋黄泥

主料：红枣 20 克，鸡蛋 1 个。

制做：

1. 红枣洗净，放入沸水中煮 20 分钟至熟，去皮、去核后，剔出红枣肉。

2. 鸡蛋煮熟取蛋黄，用勺背压成泥状。加入红枣肉搅拌后即可。

小米粥

主料：小米 30 克。

制做：

1. 小米淘洗干净。

2. 加入凉水。大火烧开，小火煮 15 分钟，汤黏稠关火即可。

香蕉奶糊

主料：香蕉 100 克。

调料：牛奶适量。

制做：

1. 将香蕉去皮之后捣碎。

2. 把香蕉糊放入锅内，加入牛奶混合均匀。

3. 锅置火上，边煮边搅拌，5 分钟后即可。

营养经

香蕉富含钾和镁，钾能防止血压上升及肌肉痉挛，镁则具有消除疲劳的效果。因此，香蕉是高血压患者的首选水果。糖尿病患者进食香蕉可使尿糖相对降低，故对缓解病情也大有益处。香蕉含有的泛酸等成分是人体的"开心激素"，能减轻心理压力，解除忧郁。睡前吃香蕉，还有镇静的作用。

● 牛奶粥

主料：鲜牛奶 250 毫升，大米 20 克。

调料：白糖适量。

制做：

1. 先将大米淘洗干净，放入锅中加水大火煮成半熟，去米汤。

2. 加入鲜牛奶，文火煮成粥，加入白糖搅拌，等白糖充分溶解即成。

● 饼干粥

主料：大米 15 克，婴儿专用饼干 2 片。

制做：

1. 大米洗净，浸泡 1 ～ 2 小时。

2. 倒入适量清水，倒入泡好的大米，大火煮沸，再转小火闷煮，熬成粥。

3. 将饼干捣碎，加入粥内稍煮即可。

● 蛋黄粥

主料：大米 20 克，蛋黄 1 个。

制做：

1. 将大米淘洗干净，放入锅内，加入清水熬至黏稠。

2. 将蛋黄研碎后，加入粥锅内，同煮几分钟即成。

聪明宝宝营养指南

芹菜米粉汤

主料：芹菜30克，米粉20克。

制做：

1. 芹菜洗净，切碎，米粉泡软备用。

2. 锅内加水煮沸，放入芹菜碎和米粉，煮3分钟即可。

营养经

芹菜含有丰富的维生素A、维生素B1、维生素B2、维生素C和维生素P，钙、铁、磷等矿物质含量也多，此外还有蛋白质、甘露醇和食物纤维等成分。

蔬菜牛奶羹

主料：西蓝花50克，荠菜50克，牛奶200毫升。

制做：

1. 西蓝花和荠菜洗净，切成小块，放入榨汁机中榨出菜汁。

2. 将菜汁与牛奶混合放入奶锅中，煮沸即可。

牛奶香蕉糊

主料：香蕉40克，牛奶50克，玉米面10克。

调料：白糖适量。

制做：

1. 将香蕉去皮后，用勺研碎。

2. 将牛奶倒入锅中，加入玉米面和白糖，边煮边搅均匀。煮好后倒入研碎的香蕉中调匀即可。

0～一岁聪明宝宝辅助食谱

● **青菜糊**

主料：米粉 20 克，青菜叶 3 片。

调料：高汤适量。

制做：

1. 米粉用温水调好，加高汤大火烧开后改小火，煮 30 分钟左右。

2. 将青菜叶洗净，放入沸水中煮软，捞出滤干，切碎后拌入煮好的米糊内即可。

● **牛奶藕粉**

主料：牛奶、藕粉各适量。

制做：

1. 将牛奶加热至沸腾关火。

2. 加入藕粉搅拌均匀，再以小火加热至呈透明糊状即可。

● **水果藕粉**

主料：藕粉 50 克，桃 1 个。

制做：

1. 将藕粉加适量水调匀；桃洗净去核，切成极细的末。

2. 锅置火上，倒入调匀的藕粉，用微火慢慢熬煮，边熬边搅动，熬至透明为止，最后加入切碎的桃，稍煮即成。

聪明宝宝营养指南

● 宝宝辅食的添加及制做技巧

＊ 添加果汁、菜汁的原则

添加果汁、菜汁应注意以下原则：第一，先试一种果汁或菜汁 3～4 日或 1 星期，然后再添另一种。第二，量由少到多，由稀到稠，由淡到浓。第三，宝宝患病或天气太热或消化不良，应延缓增加新的食物。第四，每次添加新的食物应密切注意情况，若发现大便异常，应停止喂此种食物，待大便正常，再从小量喂起。

＊ 给宝宝添加维生素食物

妈妈们如果用牛奶或配方奶喂养宝宝，也要及时给宝宝添加维生素制剂以及富含维生素的食物，像果汁、菜汁等。维生素制剂，比如鱼肝油（浓缩维生素 A、维生素 D 滴剂）等。用菜汁喂宝宝时，妈妈要选用新嫩绿色的菜叶而不是选用嫩菜心来煮水喂宝宝。

＊ 添加辅食

4 个月的宝宝除了吃奶以外，要逐渐增加半流质的食物，为以后吃固体食物做准备。宝宝随年龄增长，胃里分泌的消化酶类增多，可以食用一些淀粉类半流质食物，先从 1～2 匙开始，以后逐渐增加，宝宝不爱吃就不要喂，千万不能勉强。可以停喂一次。做一些菜泥和水果泥喂宝宝。

添加辅食不宜过晚

有些父母怕宝宝消化不了，对添加辅食过于谨慎。其实宝宝的消化器官功能已逐渐健全，味觉器官也发育了，已具备添加辅食的条件。此时若不及时添加辅食，宝宝不仅生长发育会受到影响，还会因缺乏抵抗力而导致疾病。因此，对出生 4 个月以后的宝宝要开始适当添加辅食。

添加辅食应循序渐进

年龄小的宝宝，消化功能比较脆弱，随年龄的增长会逐步完善，所以添加辅食要慢慢来，要按照由少到多、由稀到稠、由细到粗、由一到多种这样循序渐进的原则，千万不能操之过急，否则，就会使婴儿的消化功能负担过重而发生呕吐、腹泻等消化功能的紊乱。添加辅食，开始先试一种食物，少一些，过 3～4 天或 1 个星期后，就可增加辅食的量。再过一段时间，就可以加另外一种食物了，不要一开始就加几种食物，这样，孩子是受不了的。如果添加了某种辅食之后，孩子大便次数多了，性质也不好了，就得停一停，等大便恢复正常后再吃，量也要从少到多。

＊ 添加辅食的原则

添加时间应符合宝宝生理特点，过早添加不适合消化的辅食，会造成宝宝的消化功能紊乱，辅食添加过晚，会使婴儿营养缺乏。同时不利于培养宝宝吃固体食物的能力。

添加的品种由一种到多种，先试一种辅食，过3天至1个星期后，如宝宝没有消化不良或过敏反应再添加第2种辅食。添加的数量由少量到多量，待宝宝对一种食品耐受后逐渐加量，以免引起消化功能紊乱。食物的制做应精细、从流质开始，逐步过渡到半流，再逐步到固体食物，让宝宝有个适应过程。

此外辅食添加的时间，最好在吃奶以前，在宝宝饥饿时容易接受新的食物。天气过热和宝宝身体不适时应暂缓添加新辅食以免引起消化功能紊乱。还应注意食品的卫生，以免发生腹泻。

★ 菜泥、肉泥、水果泥的添加与制做

第5个月的宝宝所处的时期我们称做为"半断奶期"，这并不是指马上需要断奶，改喂其他食品，而是指给宝宝吃些半流体糊状辅助食物，以逐渐过渡到能吃较硬的各种食物的过程。所以，在这个时期，妈妈们应该学会为宝宝做泥糊状的食品，如菜泥、肉泥、水果泥等等。

* 肉泥的制做方法

鱼、肉、虾、猪肝均含有人体所必需的优质蛋白质，而且还含有丰富的铁、锌、磷、钙等矿物质，是理想的辅食主料。将鱼去鳞及内脏并洗净，切段后放入葱、姜，上锅蒸15分钟左右，然后去掉皮和鱼刺，留下的鱼肉用汤匙压成泥，即做成了鱼泥；剁碎去筋后的瘦肉或去壳的虾肉，加入少量淀粉和水，上锅蒸熟，再加入少许食盐，就是美味的肉泥和虾泥；用刀在猪肝的剖面上慢慢地刮，将刮下的泥状物加入少许盐蒸熟后，即为猪肝泥。

* 菜泥的制做方法

蔬菜含有多种水溶性维生素，是宝宝生长发育必不可少的营养素。将新鲜深色蔬菜（如菠菜、青菜、油菜等）洗净，细剁成泥，在碗中盖上盖子蒸熟；胡萝卜、土豆、红薯等块状蔬菜宜用文火煮烂或蒸熟后挤压成泥状；菜泥中加调味品和少许素油，以急火快炒即成。

聪明宝宝营养指南

❋ 水果泥的制做方法

水果中含有钙、磷、铁和丰富的维生素等各种营养素，可降低总胆固醇及坏胆固醇的含量，有增强记忆的功效。同时味道酸甜，是很多宝宝的最爱。可以将水果洗净，去皮，然后用匙慢慢刮成泥状即可喂食。或将水果洗净，去皮，切成小碎块，加入凉开水适量，上锅蒸 25 分钟左右，待凉后即可喂食。

❋ 在米粥中加入泥状食物

若在熟烂的米粥中加入一定量的上述泥状辅食，可制成营养美味的婴儿粥。这种混合辅食既可为宝宝提供足够的热量，又可为宝宝提供蛋白质、脂肪、矿物质、维生素，还可增加食物的香味，促进宝宝的食欲。

★ 注意喂食中的卫生

给宝宝准备食物和喂食时必须尽可能地小心。因为，在宝宝只有几个月的时候，他的免疫功能还未完全发育好。所以做父母的应该极力注意喂食中的卫生，避免致病的微生物污染宝宝的食物。

❋ 喂食前的清洁

父母每次给宝宝准备食物或喂食前，首先应该洗手。为了不让手上的细菌带到食物和餐具上，最简单的方法就是洗手，洗手时还要充分搓手，注意把指甲和手掌都洗干干净净。保持指甲洁净，指甲内侧应弄干净，因为这里容易滋生细菌。同时宝宝在进食前，也应该洗手，以免交叉感染。另外，父母在准备和喂食时要用干净的器皿，给宝宝用食的汤匙奶嘴等都要定期消毒，避免细菌感染。

❋ 注意食物的清洁卫生

保证食物（无论生熟）远离携带病菌的苍蝇和昆虫，如果可能，要给宝宝喂食新鲜的食物。避免食物放置的时间过长，尤其是在室温下。应将食物放入冰箱以减缓细菌的繁殖速度。如果给宝宝准备肉类、鱼、海鲜、家禽，都要煮到十分熟以杀灭有害细菌。新鲜蔬菜在烹煮之前，最好放在清水或淘米水中浸泡半个小时。水果要清洗干净，同时削皮，挖掉水果表面虫蛀的部分。另外，还要避免生食和熟食混合，也不要将装生食的器皿与装熟食的器皿混合使用。

0～1岁聪明宝宝辅助食谱

7～8个月　蠕嚼型辅食

虽然7～8个月左右的宝宝，生长发育较前半年相对较慢，但对宝宝喂养的要求却要更加细致周到。因为在此期间，妈妈们奶量虽然没有减少，但质量已经下降，因此给宝宝添加的辅食必须要满足宝宝生长发育的需求，此时宝宝摄取营养的一半都将来自于辅食。

● 豆腐蛋黄泥

主料：豆腐100克，鸡蛋50克。

调料：盐，葱末适量。

制做：

1.豆腐放沸水中烫熟，用小勺子碾成泥；鸡蛋煮熟，取蛋黄碾成泥。

2.将豆腐泥和蛋黄泥混合，加入适量盐，葱末拌匀即可。

营养经

现代医学证实，豆腐除有增加营养、帮助消化、增进食欲的功能外，对齿、骨骼的生长发育也颇为有益，在造血功能中可增加血液中铁的含量，是儿童、体弱者补充营养的食疗佳品。

● 西红柿猪肝泥

主料：西红柿100克，鲜猪肝20克。

调料：盐、白糖各适量。

制做：

1.猪肝洗净，去筋膜，切碎；西红柿去蒂洗净，切碎。用搅拌机搅拌成西红柿泥。

2.将西红柿泥和猪肝泥放入小碗中混合均匀，上锅蒸5分钟。

3.取出碾细，加入适量盐、白糖拌匀即可。

聪明宝宝营养指南

● 芋头玉米泥

主料：芋头 50 克，新鲜玉米粒 50 克。

制做：

1. 芋头去皮洗净，切成块状，用水煮熟。

2. 玉米粒洗净，煮熟，然后放入搅拌器搅拌成玉米浆。

3. 将煮熟的芋头用汤勺背面压成泥状，倒入玉米浆，搅拌均匀。

● 胡萝卜豆腐泥

主料：胡萝卜 1 根，嫩豆腐 50 克，鸡蛋 1 个。

制做：

1. 胡萝卜洗净去皮，放锅内煮熟后切成特别小的丁。

2. 另取一锅，倒入水和胡萝卜丁。再将嫩豆腐边捣碎边加进去，一起煮。

3. 煮 5 分钟左右，汤汁变少时，将鸡蛋打散加入锅里煮熟，即可。

● 法式薄饼

主料：低筋面粉 150 克，牛奶 200 毫升，鸡蛋 2 个。

调料：黄油、白糖、植物油各适量。

制做：

1. 将鸡蛋打散加入白糖拌匀，倒入低筋面粉和一半的牛奶一起拌匀。

2. 拌匀后再加入几滴植物油与另一半牛奶拌匀。

3. 平底锅中加入少量黄油，待黄油融化后，倒入适量面糊，轻轻晃动锅子，让面糊摊成一张薄饼，等到表面凝固后即可翻面，双面煎至金黄色即可。

营养经

黄油可以补充维生素 A，较适合缺乏维生素 A 的成人和儿童食用。

肉泥米粉

主料：猪瘦肉 50 克，米粉 100 克。

调料：盐、香油各适量。

制做：

1. 将瘦肉洗净，剁成泥，放入碗中，加入米粉、盐、香油、适量水，搅拌均匀成肉泥。

2. 将拌好的肉泥放入蒸锅，中火蒸 7 分钟至熟即可。

豌豆糊

主料：豌豆 10 个，肉汤 30 克。

制做：

1. 将豌豆炖烂，并捣碎。

2. 碎的豌豆过滤一遍，与肉汤和在一起搅匀。

营养经

豌豆与一般蔬菜有所不同，所含的止权酸、赤霉素和植物凝素等物质，具有抗菌消炎、增强新陈代谢的功能。

鱼泥豆腐

主料：三文鱼 50 克，豆腐 80 克。

调料：盐、葱、香油、淀粉各适量。

制做：

1. 三文鱼洗净，剁成泥，放入适量淀粉；豆腐洗净，切大块；葱洗净，切末。

2. 在切好的豆腐块上铺好鱼泥，放入蒸锅，大火蒸 7 分钟至熟，出锅后加入盐、葱末、香油即可。

聪明宝宝营养指南

● 团圆果

主料：红薯、苹果各 50 克。

调料：白糖适量。

制做：

1. 将红薯洗净、去皮，切碎；苹果洗净，去皮、核，切碎。

2. 锅内加入适量水煮沸，放入红薯和苹果煮软，捞出加入白糖拌匀即可。

● 时蔬浓汤

主料：西红柿、土豆、洋葱各 30 克，胡萝卜 1/2 根，黄豆芽 20 克，圆白菜 50 克，高汤 100 毫升。

制做：

1. 黄豆芽洗净，沥干，洋葱去老膜洗净，切丁；胡萝卜洗净，削皮，切丁。

2. 圆白菜洗净，切丝；西红柿、土豆分别洗净，去皮，切丁。

3. 将高汤加水，煮沸后，放入黄豆芽、洋葱丁、圆白菜丝、胡萝卜丁、西红柿丁和土豆丁，大火煮沸后，转小火慢熬，熬至汤成浓稠状即可。

● 南瓜浓汤

主料：南瓜 200 克，高汤 100 毫升，鲜牛奶 50 毫升。

制做：

1. 先将南瓜洗净，切丁。放入榨汁机中，加高汤打成泥状。

2. 取出后放入牛奶中用小火煮沸，拌匀即可。

营养经

南瓜热量低，且含有丰富的胡萝卜素和维生素 B，有"蔬菜之王"的美称，也有降血糖和减肥的功效。

● 草莓蜂蜜羹

主料：草莓250克，鲜牛奶1杯，草莓冰淇淋30克。

调料：蜂蜜少许。

制做：

1. 将草莓清洗干净，去蒂，均切成小块。

2. 将草莓块、鲜奶、草莓冰淇淋，矿泉水一起倒入榨汁机里，搅拌均匀倒入杯中，加蜂蜜调匀即可。

营养经

草莓营养丰富，含有果糖、蔗糖、柠檬酸、苹果酸、水杨酸、氨基酸以及钙、磷、铁等矿物质。此外，它还含有多种维生素，尤其是维生素C含量非常丰富，每100克草莓中就含有维生素C60毫克。草莓中所含的胡萝卜素是合成维生素A的重要物质，具有明目养肝作用。草莓还含有果胶和丰富的膳食纤维，可以帮助消化、通畅大便。

● 白菜烂面条

主料：挂面30克，白菜丝10克。

调料：生抽少许。

制做：

1. 挂面掰碎，放进锅里煮。

2. 挂面煮沸后，转小火时加入白菜丝一起稍煮。可以边捣边煮，大约5分钟后起锅，加1滴生抽即可。

营养经

白菜中膳食纤维和维生素A、维生素C的含量较高，对宝宝的肠道健康、视力发育和免疫力的提高都有很大帮助。对于积食的宝宝，它还具有消食的作用；对于肺热咳嗽的宝宝，具有清肺止咳的作用。白菜中锌的含量也在蔬菜中名列前茅，对提高宝宝免疫力、促进大脑发育有很好的作用。

聪明宝宝营养指南

● 黄瓜蒸蛋

主料: 蛋黄 1/3 个，去油鸡汤适量，大黄瓜 2 厘米长段。

制做:

1. 将蛋黄打成蛋液，加入去油鸡汤搅拌均匀。

2. 大黄瓜去籽，洗净，入滚水煮 5 分钟，取出，以铝箔纸包覆底部。

3. 蛋汁倒入黄瓜圈中，放进蒸锅里，用小火蒸 10 分钟即可。

● 三鲜豆腐脑

主料: 虾仁、水发海参各 100 克，干贝、白果各 25 克，豆腐脑 250 克，鸡蛋 1 个。

调料: 香葱 1 棵，生姜 1 小块，香菜 2 棵，淀粉、高汤、料酒、精盐各适量。

制做:

1. 虾仁洗净，拌入少许蛋清、淀粉；葱、姜、香菜洗净切末；白果洗净。

2. 海参洗净，用葱姜末、料酒加适量清水，煮 10 分钟去腥，然后捞出、冲凉、切片；干贝先泡半小时，再加少许料酒蒸熟，取出撕成细丝。

3. 将高汤烧开，加入干贝丝、海参、白果和虾仁煮沸，改小火，加入盐，调味；慢慢滑入豆腐脑，略煮即关火盛出，撒下香菜末即可。

● 牛肉粥

主料: 粳米 400 克，牛肉 200 克。

调料: 葱段、精盐适量。

制做:

1. 洗净牛肉，剁成肉末；将粳米淘洗干净。

2. 将锅置火上，倒入开水烧沸，放入葱段、牛肉末煮沸，捞出葱，倒入粳米，煮成粥，用精盐调味即成。

营养经

牛肉具有补脾胃、益气血、除湿气、消水肿、强筋骨等作用，再配以粳米煮粥，更益脾胃之气，因此宝宝食用此粥，则可脾胃健壮、气血充盈、筋骨强健。

● 香菇鸡肉粥

主料：鸡脯肉 100 克，鲜香菇 3 个，大米 100 克。

调料：橄榄油、盐各适量。

制做：

1. 大米淘洗干净后用清水浸泡 1 小时；鸡脯肉切丝，用少许盐、橄榄油拌匀，腌制 30 分钟，鲜香菇洗净切丝备用。

2. 锅中放入足量水烧开，放入浸泡后的大米，大火煮开后转小火继续煮 20 分钟。

3. 加入香菇丝煮 5 分钟，再加入鸡肉丝煮沸，调入适量盐，搅拌均匀即可。

营养经

香菇含有多种维生素、矿物质，对促进人体新陈代谢、提高机体适应力有很大作用。

● 西红柿土豆羹

主料：西红柿、土豆各 1 个，肉末 20 克。

制做：

1. 西红柿洗净，去皮，切碎；土豆洗净，煮熟，去皮，压成泥。

2. 将西红柿碎、土豆泥与肉末一起搅匀，上锅蒸熟即可。

营养经

土豆块茎中含有丰富的膳食纤维，并含有丰富的钾盐，属于碱性食品。有资料表示，其含量与苹果一样多。因此胃肠对土豆的吸收较慢，食用土豆后，停留在肠道中的时间比米饭长得多，所以更具有饱腹感，同时还能帮助带走一些油脂和垃圾，具有一定的通便排毒作用。

聪明宝宝营养指南

9 ～ 10 个月　细嚼型辅食

经过了一段时间的过渡准备，在这个月中，如果宝宝身体健康的话，妈妈的乳汁不足就应该断母乳了。断奶是宝宝喂养中的一件大事，如果妈妈没有选择正确的时机，或是断奶后宝宝的营养供应不足，就很容易使宝宝的身体抵抗力下降，影响宝宝身体健康。下面，我们就为妈妈们提供一些宝宝的断奶食谱，以供参考。

● 虾仁粥

主料：大米 20 克，虾仁 50 克，芹菜、胡萝卜、玉米粒各适量。

调料：盐适量。

制做：

1. 将虾仁去沙线，洗净，沥水，切成碎末；芹菜洗净，切末；胡萝卜去皮，洗净，切末；玉米粒洗净，切碎。

2. 将大米加入适量清水煮沸，转小火，边搅拌边煮 15 ～ 20 分钟至稠状，加入芹菜末、胡萝卜末、虾仁和玉米，继续煮 1 ～ 2 分钟，加盐调味即可。

● 牛肉碎菜细面汤

主料：牛肉 15 克，细面条 50 克，胡萝卜、四季豆各适量。

调料：盐适量，高汤，橙汁。

制做：

1. 锅置火上。放入适量清水，煮沸后下入细面条，煮 2 分钟，捞出来，切成小段，备用。

2. 将牛肉洗净，切碎；胡萝卜去皮，洗净，切末；四季豆洗净，切碎，备用。

3. 另取一锅，将牛肉碎、胡萝卜末、四季豆碎与高汤一同放入，用大火煮沸，然后加入细面条煮至熟烂，最后加入橙汁调味即可。

炖鱼泥

主料：鱼肉 50 克，白萝卜泥 20 克，高汤 100 毫升。

调料：葱花少许、水淀粉少许。

制做：

1. 将高汤放锅中，再放入鱼煮熟。

2. 把煮熟的鱼取出，并将鱼肉取出压成泥状，再入锅并加入萝卜泥。

3. 煮开后，用淀粉勾芡，再撒上葱花即可盛起。

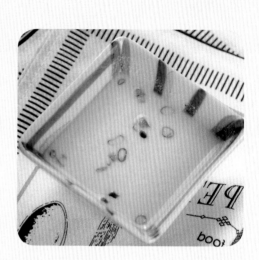

三鲜蛋羹

主料：鸡蛋 1 个，虾仁、鲜贝、蟹肉各 20 克。

调料：盐、酱油、醋、鸡粉、香油、淀粉、香菜各适量，高汤。

制做：

1. 将鸡蛋打入碗内；碗内加适量精盐、水 (水和鸡蛋比例 1 ： 1) 上笼蒸 15 分钟左右取出。

2. 把虾仁、鲜贝、蟹肉放入锅内，加高汤、盐、酱油、醋、鸡粉、香油烧开；开锅后勾湿淀粉，倒入蒸好的蛋羹内，点缀几根香菜即可。

百合银耳粥

主料：百合 30 克，银耳 10 克，大米 50 克。

调料：冰糖适量。

制做：

将银耳发开洗净，同大米、百合入锅中，加清水适量，文火煮至粥熟后，冰糖调服即可。

聪明宝宝营养指南

● 小白菜玉米粥

主料：小白菜、玉米面各 50 克。

制做：

1. 小白菜洗净。入沸水中焯烫，捞出，切成末。

2. 用温水将玉米面搅拌成浆，加入小白菜末，拌匀。

3. 锅置火上，倒水煮沸，下入小白菜末玉米浆，大火煮沸即可。

营养经

玉米具有调中开胃，益肺宁心，清湿热，利肝胆，延缓衰老等功能。在所有主食中，玉米的营养价值和保健作用是最高的。

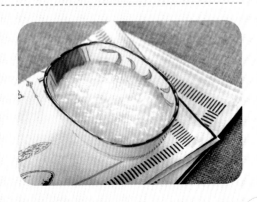

● 馒头菜粥

主料：馒头 100 克，白菜叶 50 克。

调料：盐、香油各少许。

制做：

1. 将馒头切成小碎块；将白菜叶洗净，切成细丝。

2. 把馒头倒入锅中，加入适量清水，煮沸；加入白菜丝、盐、香油一起煮成菜粥即成。

● 酸奶香米粥

主料：香米 50 克，酸奶 50 毫升。

制做：

1. 香米淘洗干净，入清水中浸泡 3 小时。

2. 锅置火上，放入香米和适量清水，大火煮沸，再转小火熬成烂粥，即可关火。

3. 待粥凉至温热后加入酸奶搅匀即可。

0～1岁聪明宝宝辅助食谱

● 肉末碎菜粥

主料：大米20克，瘦猪肉50克，油菜1棵。

调料：植物油、盐、酱油、葱末、姜末各适量。

1. 油菜洗净，切碎；大米洗净，备用。

2. 锅内倒油烧热，加入葱末、姜末爆香，随后下入肉末煸炒1分钟，再加入少许酱油炒熟，盛在碗里备用。

3. 锅内放入大米和适量清水，大火煮沸后，转小火煮10分钟，然后加入肉末及油菜碎，同煮5分钟即可。

● 山药羹

主料：山药200克，糯米50克，枸杞少许。

调料：白糖适量。

制做：

1. 山药去皮洗净，切成小块；糯米洗净，浸泡4小时；枸杞洗净。

2. 锅置火上，加水，水沸后放糯米、山药块、枸杞煮成羹，放糖即可。

营养经

山药具有诱导产生干扰素、增强人体免疫功能的作用。其所含胆碱和卵磷脂有助于提高人的记忆力，常食之可健身强体、延缓衰老，是人们所喜爱的保健佳品。

玉米排骨粥

主料：玉米粒10克，猪排骨20克，大米适量。

制做：

1. 将排骨切成3厘米大小的段；先将排骨炖至肉烂脱骨时，撇去汤面浮油。

2. 取排骨汤适量加入少量米、玉米粒，熬成粥即可。

营养经

排骨汤中富含钙，是非常适合宝宝的一道营养粥。

三角面片

主料：小馄饨皮4张，青菜2棵，高汤100毫升。

调料：盐少许。

制做：

1. 小馄饨皮用刀拦腰切成两半后，再切一刀，成小三角状，青菜洗净，切碎末。

2. 锅内放高汤煮沸后下入三角面片，煮沸后放入青菜碎，再次煮至沸腾加少许盐即可。

什锦炒软饭

主料：米饭50克，茄子20克，西红柿半个，土豆、肉末各适量。

调料：盐、食用油各少许。

制做：

1. 茄子、土豆洗净去皮切末，西红柿切丁。

2. 炒锅中加入少许食用油，放入肉末、土豆、茄子煸炒片刻，再放入西红柿丁、盐，接着倒入熟米饭搅拌均匀，加适量清水，盖锅盖焖3分钟后即可。

芝麻豆腐

主料：豆腐1块，熟芝麻少许。

调料：蜂蜜适量。

制做：

1. 把豆腐放开水中煮后控去水分研成豆腐泥，芝麻炒熟后放容器中研碎。

2. 把豆腐泥与芝麻混合后，再加入蜂蜜搅拌均匀即可。也可将蜂蜜换成少许盐，使其具有淡淡的咸味。

营养经

蜂蜜是一种营养丰富的天然滋养食品，也是最常用的滋补品之一。具有滋养、润燥、解毒、美白养颜、润肠通便之功效，对少年儿童咳嗽治疗效果很好。

鸡蛋羹

主料：虾皮10克，鸡蛋2个。

调料：盐、温水、香油、香葱各适量。

制做：

1. 把虾皮洗净，沥干备用；香葱切末；鸡蛋磕入碗中。

2. 把鸡蛋打散，加入少量的盐、虾皮、香油、葱末，把温水加入到蛋液中，水和鸡蛋的比例约为2：1。然后朝一个方向搅拌均匀。

3. 锅置火上，加适量水烧沸，将蛋羹碗放入锅内，加盖，用大火蒸5分钟即可。

营养经

鸡蛋吃法多种多样，就营养的吸收和消化率来讲，煮蛋为100%，炒蛋为97%，嫩炸为98%，老炸为81.1%，开水、牛奶冲蛋为92.5%，生吃为30%～50%。由此来说，煮鸡蛋是最佳的吃法，但要注意细嚼慢咽，否则会影响吸收和消化。不过，对儿童来说，还是蒸蛋羹、蛋花汤最适合，因为这两种做法能使蛋白质松解，极易被儿童消化吸收。

聪明宝宝营养指南

虾末菜花

主料：菜花 30 克，草虾 10 克。

调料：白酱油、盐各适量。

制做：

1.将菜花洗净，放入开水中煮软后切碎；把虾放入开水中煮后剥去皮，切碎。

2.锅置火上，放适量水，加入虾碎、白酱油、盐煮，使其具有淡咸味；倒在菜花上即可。

什锦猪肉菜末

主料：西红柿、胡萝卜、葱头、柿子椒各 10 克，猪肉（肥瘦）15 克。

调料：盐适量。

制做：

1.将猪肉、西红柿、胡萝卜、葱头、柿子椒分别切成碎末。

2.将猪肉末、胡萝卜末、柿子椒末、葱头末一起放入锅内，加肉汤煮软，再加入西红柿末略煮，加入少许盐，使其有淡淡咸味。

蛋皮鱼卷

主料：鱼肉泥 100 克，鸡蛋 3 个。

调料：植物油、葱末、姜汁、盐、湿淀粉各少许。

制做：

1.鱼肉泥盆里下入盐、葱末、姜汁，充分搅打，呈黏稠状。

2.鸡蛋打到碗内，下入盐、湿淀粉搅好，放入平底锅里，摊成蛋皮；把蛋皮铺平，抹上鱼肉泥，把两边掖好，卷成筒状，然后用布包好。

3.用布包好的蛋皮卷放在盘中，上屉蒸熟，出屉切块即成。

● 鲜奶什果南瓜

主料： 南瓜 250 克，鲜奶 200 克，草莓 20 克，西瓜 25 克，火龙果 15 克，鸡蛋 2 个。

调料： 练乳、盐各适量。

制做：

1. 将南瓜去皮改刀成丁，草莓、西瓜、火龙果切成丁。

2. 将南瓜焯水备用。

3. 鲜奶中放入南瓜丁、练乳，鸡蛋清、盐打匀，蒸成蛋糕取出。

4. 将切好的西瓜丁、火龙果、草莓丁撒在上面即可。

● 猕猴桃果冻

主料： 猕猴桃 50 克，洋菜 10 克。

制做：

1. 将猕猴桃洗净，去皮，切成细粒；洋菜洗净，切末。

2. 洋菜加水煮沸后放入猕猴桃粒，再稍煮一下。倒入果冻模子里即可。

温馨提示： 果冻要用小勺子一点一点地舀给宝宝吃，不要让宝宝吞下太多，以免卡住。

● 香蕉芒果奶昔

主料： 香蕉 2 根，芒果 2 个，牛奶 200 毫升。

制做：

1. 香蕉去皮，切成块；芒果去皮，取果肉。

2. 将香蕉、芒果、牛奶一起放入搅拌机中搅拌均匀即可。

聪明宝宝营养指南

11 ～ 12 个月 咀嚼型辅食

宝宝一般在 10 个月时可以完全断奶（母乳）了，饮食也大部分固定为早、中、晚三餐，并由稀饭过渡到稠粥、软饭，由肉泥过渡到碎肉，由菜泥过渡到碎菜，这个时候要特别注意宝宝营养的搭配了。

木瓜泥

主料：木瓜 1 个，牛奶适量。

制做：

1. 木瓜洗净，去皮、去籽，上锅蒸 7 ～ 8 分钟，至筷子可轻松插入时，即可离火。

2. 用勺背将蒸好的木瓜压成泥，拌入牛奶即可。

水果蛋奶羹

主料：苹果、香蕉、草莓、桃子各 20 克，牛奶 200 克，鸡蛋 1 个。

调料：白糖适量。

制做：

1. 将桃子、苹果分别洗净，去皮，去核，切块；草莓洗净，切丁；香蕉去皮，切块；鸡蛋打散备用。

2. 将牛奶放入锅中煮至略沸，加苹果块、桃子块、草莓丁、香蕉块略煮 2 ～ 3 分钟，淋入蛋液，稍煮，再加白糖调味，即可。

0 ～ 1 岁聪明宝宝辅助食谱

果仁黑芝麻糊

主料：核桃、花生、腰果、黑芝麻、麦片各 50 克。

调料：白糖适量。

制做：

1. 将核桃、花生去壳留仁，炒熟，研碎；腰果泡 2 小时后切碎；黑芝麻炒熟，研碎。

2. 将麦片加适量清水，放在锅上用大火煮沸，放入核桃仁碎、花生仁碎、腰果碎，转小火煮 5 分钟，最后放入黑芝麻碎搅拌均匀，加适量白糖调味即可。

核桃营养价值丰富，有"万岁子""长寿果""养生之宝"的美誉。黑芝麻药食两用，具有"补肝肾，滋五脏，益精血，润肠燥"等保健功效，被视为滋补圣品。

山药粥

主料：山药 30 克，对虾 1 ~ 2 个，粳米 50 克。

调料：食盐、味精各少许。

制做：

1. 将粳米洗净；山药去皮，洗净，切成小块；对虾择好洗净，切成两半备用。

2. 锅内加水，投入粳米，烧开后加入山药块，用文火煮成粥，待粥将熟时，放入对虾段，加入食盐和味精即成。粳米要先于山药入锅，以利熟烂。

粳米中各种营养素含量虽不是很高，但都具有很高的营养价值，所以粳米是补充营养素的基础食材。粳米粥和米汤都是利于幼儿和老年人消化吸收的营养食品。粳米所含的植物蛋白质可以使血管保持柔韧性，所含的水溶性膳食纤维可以防治便秘。粳米富含矿物质、维生素和膳食纤维，是很好的保健食品。

● 鸡丝面片

主料：鸡肉40克，面片2片，油菜心1棵。

调料：姜1片，盐适量。

制做：

1. 将鸡肉切成片加姜，水煮烂；捞出后用手将鸡肉片撕成丝，放回鸡汤锅。

2. 将面片下入鸡汤继续煮；将油菜心洗净切碎放入鸡汤煮；最后加盐调味即可。

营养经

鸡肉中蛋白质的含量较高，氨基酸种类多，而且消化率高，很容易被人体吸收，但不宜蒸制时间过长，一是影响嫩度口感，二是过多的破坏了营养成分。

● 鲜肉馄饨

主料：猪瘦肉100克，馄饨皮20张，鸡蛋1个。

调料：盐、葱、肉汤、紫菜各适量。

制做：

1. 将猪瘦肉和葱分别洗净，切末；紫菜洗净，撕碎；鸡蛋打散成蛋液；将肉末、盐、葱末加蛋液，搅拌成肉馅。

2. 将肉馅分成20等份，分别包在馄饨皮内，成20个馄饨生坯。

3. 锅置火上，加适量肉汤煮沸后，放入馄饨生坯，中火煮5分钟至沸腾后转小火，撒上紫菜，略煮1～2分钟，加盐调味即可。

鱼泥馄饨

主料：鱼泥 50 克，小馄饨皮 6 张，韭菜末（或白菜末）。

调料：香菜末、紫菜末、生抽各少许。

制做：

1. 将鱼泥加韭菜末做成馄饨馅，包入小馄饨皮中，做成馄饨生坯。

2. 锅内加水，煮沸后放入生馄饨，煮沸后，倒少许生抽再煮一会儿，至馄饨浮在水上时，撒上香菜末、紫菜末即可。

鲜汤小饺子

主料：小饺子皮 6 张，肉末 30 克，白菜 50 克。

调料：鸡汤，香菜叶各少许。

制做：

1. 白菜洗净，切碎，与肉末混合搅拌成饺子馅。

2. 取饺子皮托在手心，把饺子馅放在中间，捏紧即可。

3. 锅内加水和鸡汤，大火煮沸后，放入饺子。盖上盖煮沸后，揭盖加入少许凉水，敞着锅煮沸后再加凉水，如此反复加 4 次凉水后煮沸，加入香菜叶即可。

小笼包子

主料：瘦肉 50 克，发酵面团适量。

调料：盐、生抽、白糖、香油各适量。

制做：

1. 瘦肉剁烂，加入调味料搅至起胶状，分别做成小肉丸。

2. 将粉团搓成长条形，再分切小圆粒，碾成薄圆形面皮，放入肉丸做成小笼包形状。

3. 放入笼屉隔水大火蒸 8 分钟即可。

● 小肉松卷

主料：面粉 50 克，肉松 20 克。

调料：牛奶、发酵粉各适量。

制做：

1. 将面粉和发酵粉混合，加入牛奶揉匀成面团。

2. 将面团分成 5 等份，压扁，卷上肉松，做成花卷形状，放入蒸锅，大火将水煮沸后转中火蒸 15～20 分钟至熟即可。

● 西红柿饭卷

主料：米饭一小碗，中等西红柿一个，鸡蛋 1 个，奶酪 20 克。

调料：葱末、盐、油各适量。

制做：

1. 将西红柿去皮后切成碎丁；鸡蛋打散成蛋液备用；奶酪擦成细丝。

2. 平底锅上放入油，油热后倒入蛋液，均匀摇晃锅身做成蛋饼。

3. 炒锅中放入少许油，油热后爆香葱末，再放入米饭和西红柿碎继续翻炒 2 分钟，撒上奶酪丝，用盐调味后出锅。

4. 把炒好的米饭放在蛋饼上，卷成蛋卷后切开即可。

● 鸡蛋饼

主料：西红柿、鸡蛋各 1 个，面粉适量。

调料：植物油、盐、花椒粉适量。

制做：

1. 西红柿洗净切碎；打好的鸡蛋液搅匀，加入适量的面粉和盐、西红柿碎再搅拌。

2. 平底锅加温，温度不宜过高，恒温后加入少许油，锅底油放均匀，等油 6 成热时加入搅匀的流动面糊，摊匀成薄饼状。

3. 待一面成型后翻过饼来，再烙另一面，一般一张饼翻两下就熟了，等烙好后取出来切块即可。

甜发糕

主料：鸡蛋1个，面粉、玉米粉少许，蜡纸1张。

调料：白糖、牛奶、发酵粉少许。

制做：

1. 将鸡蛋用力打泡，边打边加白糖；将面粉、发酵粉、玉米粉、牛奶一起加入搅拌均匀。

2. 在蒸笼中铺一张蜡纸；将主料倒在蜡纸上，上汽后大火蒸30分钟；取出略冷后切块即可。

土豆蛋白糕

主料：土豆50克，鸡蛋1个（取蛋清）、面粉30克。

调料：发酵粉、白糖、橘皮碎各少许。

制做：

1. 将土豆洗净，煮烂后去皮，压制成土豆泥，上面点缀上橘皮碎。

2. 取蛋清加白糖、面粉、发酵粉与土豆泥用力搅拌均匀后，放入盘内，上锅蒸20分钟即可。

肉泥洋葱饼

主料：肉泥20克，面粉50克，洋葱末10克。

调料：植物油、盐、葱末各适量。

制做：

1. 将肉泥、洋葱末、面粉、盐、葱末，加水后拌成糊状。

2. 油锅烧热，将一大勺肉糊倒入锅内，慢慢转动。制成小饼煎熟即可。

营养经

洋葱营养丰富，且气味辛辣。能刺激胃、肠及消化腺分泌，增进食欲，促进消化，且洋葱不含脂肪，其精油中含有可降低胆固醇的含硫化合物的混合物，可用于治疗消化不良、食欲不振、食积内停等症。

枣泥软饭

主料：红枣、大米各 20 克。

调料：白砂糖适量。

制做：

1. 将大米用清水泡半小时；红枣洗净去核，蒸熟剁成泥备用。

2. 把大米放入锅中，加清水煮熟，加入枣泥，白砂糖调味即可。

大米红豆软饭

主料：红小豆 10 克，大米 30 克。

制做：

1. 红小豆洗净，放入清水中浸泡 1 小时，大米洗净备用。

2. 将红小豆和大米一起放到电饭锅内，加入适量水，大火煮沸后，转中火熬至米汤收尽、红小豆酥软时即可。

荸荠小丸子

主料：荸荠 20 克，肉馅 50 克，鸡蛋 1 个。

调料：淀粉、葱、姜、盐、香油、香菜各适量。

制做：

1. 葱、姜切成末，猪肉剁成泥，荸荠剁成末，一起入碗，磕入鸡蛋，加盐、香油、淀粉搅拌均匀。

2. 炒锅上旺火，加水煮沸，将肉泥挤鸽蛋大小的丸子，煮熟，加盐、香菜末调味即可。

营养经

荸荠中含的磷是根茎类蔬菜中较高的，能促进人体生长发育和维持生理功能的需要，对牙齿骨骼的发育有很大好处，同时可促进体内的糖、脂肪、蛋白质三大物质的代谢，调节酸碱平衡，因此荸荠适于儿童食用。

清蒸豆腐丸子

主料：豆腐50克，鸡蛋半个（取蛋黄）。

调料：葱末、盐各少许。

制做：

1. 把豆腐压成豆腐泥，生蛋黄打到碗里，拌均匀。

2. 将蛋黄液混入豆腐泥，加葱末、盐拌匀，揉成豆腐丸子，然后上锅蒸熟即可。

鱼肉拌茄泥

主料：茄子半个，净鱼肉30克。

调料：盐、香油各少许。

制做：

1. 茄子洗净，放入沸水锅中煮至熟烂，去皮压成茄泥。

2. 净鱼肉切成小粒，用热水焯熟。

3. 将晾凉后的茄泥与鱼肉混合，加入一点点盐和香油即可。

猪肝圆白菜

主料：猪肝泥、豆腐各适量，胡萝卜半根，圆白菜叶半片。

调料：肉汤、淀粉、盐各适量。

制做：

1. 把圆白菜叶洗净后放沸水中煮软；胡萝卜洗净，去皮，切成碎末。

2. 豆腐洗净，和肝泥混合，并加入胡萝卜碎和少许盐，搅匀备用。

3. 把肝泥豆腐放在圆白菜叶中间做馅，再将圆白菜卷起，用淀粉封口后放肉汤内煮熟即可。

聪明宝宝营养指南

● 豆腐太阳花

主料：豆腐100克，鹌鹑蛋1个，胡萝卜泥20克。

调料：植物油、葱末，盐各少许，高汤适量。

制做：

1. 将豆腐洗净，用勺子在豆腐上挖出一个小坑，把鹌鹑蛋打入小坑中。

2. 将胡萝卜泥围在豆腐旁，入锅蒸10分钟左右，就蒸熟了。

3. 油锅烧热，爆香葱末，加入高汤煮成浓汁后加盐调味，淋到豆腐上即可。

● 虾菇油菜心

主料：香菇2个，鲜虾仁3个，油菜心3个。

调料：植物油、盐、淀粉、蒜末各适量。

制做：

1. 将香菇、虾仁、油菜心切碎。

2. 锅置火上，将油加热后加蒜末，炒香后倒入主料迅速翻炒，最后勾芡，加盐调味即可。

营养经

油菜中含有丰富的钙、铁和维生素C和胡萝卜素，油菜所含钙量在绿叶蔬菜中是最高的。油菜里含有的草酸很少，可以放心让宝宝多吃。

0～1岁聪明宝宝辅助食谱

41

● 双色豆腐

主料：豆腐 200 克，鸭血 200 克。

调料：香葱、淀粉、食用油、香油、酱油、黑胡椒粉、白糖各适量。

制做：

1. 豆腐切成长形厚片，放煎锅内将两面煎黄盛出备用。

2. 鸭血先切成 3 等份长块，再横切片，放入沸水中氽烫后捞出备用。

3. 香葱洗净，斜切小段，锅内放油，先炒香葱，再放入豆腐片和鸭血块及所有调味料同烧入味即可。

● 西红柿洋葱鸡蛋汤

主料：西红柿、洋葱各 50 克，鸡蛋 1 个。

调料：海带清汤、盐、白糖、酱油各适量。

制做：

1. 将西红柿洗净，焯烫后去皮，切块；洋葱洗净，切碎；鸡蛋打散，搅拌均匀。

2. 锅置火上，放入海带清汤大火煮沸后加入洋葱、酱油，转中火再次煮沸后，加入西红柿，转小火煮 2 分钟。

3. 将锅里的西红柿和洋葱汤煮沸后，加入蛋液，搅拌均匀加盐、白糖调味即可。

● 清香翡翠汤

主料：猫耳菜 200 克，西红柿 75 克，水发木耳 25 克。

调料：料酒、葱姜汁、精盐、清汤、香油各适量。

制做：

1. 木耳切成片。西红柿切成橘瓣块。

2. 锅内放清汤，加入料酒、葱姜汁，下入木耳片、西红柿块烧开。

3. 下入猫耳菜、精盐烧开，淋入香油，出锅盛入汤碗内即成。

聪明宝宝营养圣经

第二章 1～3岁聪明宝宝营养食谱

1～3岁聪明宝宝喂养圣经

1～3岁的幼儿正处在快速生长发育的时期，对各种营养素的需求相对较高，同时幼儿机体各项生理功能也在逐步发育完善，但是对外界不良刺激的防御性能仍然较差，因此对于幼儿膳食安排，不能完全与成人相同，需要特别关照。

✱ 继续给予母乳喂养或其他乳制品，逐步过渡到食物多样

随着宝宝的成长，可继续给予母乳喂养直到2岁（24月龄），或每日给予不少于相当于350毫升液态奶的幼儿配方奶粉，配方食品更符合幼儿的营养需要，不宜直接喂给普通液态奶、成人奶粉或大豆蛋白粉等。当幼儿满2岁时，每日继续提供幼儿配方奶粉或其他乳制品的同时，应根据幼儿的牙齿发育情况，适时增加细、软、碎、烂的膳食，种类不断丰富，数量不断增加，逐渐向食物多样过渡。

✱ 选择营养丰富、易消化的食物

幼儿食物的选择应依据营养全面丰富、易消化的原则。应充分考虑满足能量需要，增加优质蛋白质的摄入，以保证幼儿生长发育的需要；增加铁质的供应，以避免铁缺乏和缺铁性贫血的发生。

✱ 采用适宜的烹调方式，单独加工制做膳食

幼儿的膳食应专门单独加工、烹制，并选用适合的烹调方式和加工方法。为了易于幼儿咀嚼、吞咽和消化，应将食物切碎煮烂，特别注意要完全去皮、骨、刺和核等。大豆、花生等坚果类食物，应先磨碎，制成泥糊浆等状态进食。幼儿食物适宜采用蒸、煮、炖、煨等烹调方式，不宜采用油炸、烤、烙等方式。口味以清淡为好，不应过咸，更不宜食用辛辣刺激性食物，少用或不用调味品；注重食物花样品种的交替更换，激发、保持幼儿对进食的兴趣。

✱ 在良好环境下规律进餐，重视良好饮食习惯的培养

对于幼儿的饮食要逐渐做到定时，适量，基本一日5～6餐，包括主餐3次，同时上、下午两主餐之间各安排以奶类、水果和其他稀软面食为内容的加餐。家长应以身作则，用良好的饮食习惯影响幼儿，鼓励和安排较大幼儿与全家一同进餐，并培养孩子集中精力进食，暂停其他活动。

＊ 鼓励幼儿多做户外游戏与活动，合理安排零食，避免过瘦与肥胖

由于奶类和普通食物中维生素 D 含量十分有限，幼儿单纯依靠普通膳食难以满足维生素 D 需要量。适宜的日光照射可促进儿童皮肤中维生素 D 的形成，对儿童钙质吸收和骨骼发育具有重要意义。每日安排幼儿 1～2 小时的户外游戏与活动，既可接受日光照射，促进皮肤中维生素 D 的形成和钙质吸收，又可以通过体力活动实现对幼儿体能、智能的锻炼培养和维持能量平衡。

正确选择零食品种，合理安排零食时机，使之既可增加儿童对饮食的兴趣，并有利于能量补充，又可避免影响主餐食欲和进食量。应以水果、乳制品等营养丰富的食物为主，给予零食的数量和时机以不影响幼儿主餐食欲为宜。应控制纯能量类零食的食用量，如糖果、甜饮料等含糖高的食物。鼓励儿童参加适度的活动和游戏，有利于维持儿童能量平衡，使儿童保持合理体重增长，避免儿童瘦弱、超重和肥胖。

1 岁时幼儿的胃容量仅有 300 毫升左右，一次进食量有限，且由于幼儿咀嚼能力受限，所食用的食物多为稀软膳食，故需要在两主餐之间给予适当的零食，才能获得充足营养。可在两主餐之间安排以奶类、水果和其他稀软面食为主的零食，晚饭后除水果外逐渐做到不再进食，特别是睡前忌食甜食，以预防龋齿。

＊ 每天足量饮水，少喝含糖高的饮料

水是人体必需的营养素，是人体结构、代谢和功能的必要条件。小儿新陈代谢相对高于成人，对能量和各种营养素的需要量也相对更多，对水的需要量也更高。1～3 岁幼儿每日每千克体重约需水 125 毫升，全日总需水量约为 1250～2000 毫升。幼儿需要的水除了来自营养素在体内代谢生成的水和膳食物所含的水分 (特别是奶类、汤汁类食物含水较多) 外，大约有一半的水需要通过直接饮水来满足，约 600～1000 毫升。幼儿的最好饮料是白开水。目前市场上许多含糖饮料和碳酸饮料含有葡萄糖、碳酸、磷酸等物质，过多地饮用这些饮料，不仅会影响孩子的食欲，使儿童容易发生龋齿，而且还会造成过多能量摄入，从而导致肥胖或营养不良等问题，不利于儿童的生长发育，应该严格控制摄入。

幼儿活泼好动，出汗较多，另外肾脏功能还不是非常完善，容易出现缺水；幼儿缺水时可使食欲受到明显抑制，因此，应特别注意让幼儿一日内均匀地足量饮水。幼儿宜饮用白开水等，不宜饮用含糖饮料。天气炎热时，可适当增加饮用凉白开水的次数，以补充水分。

＊ 定期监测生长发育状况

身长和体重等生长发育指标反映幼儿的营养状况，父母可以在家里对幼儿进行定期的测量，1～3 岁幼儿应每 2～3 个月测量一次。

＊ 确保饮食卫生，严格餐具消毒

选择清洁不变质的食物主料，不食隔夜饭菜和不洁变质的食物，在选用半成品或者熟食时，应彻底加热后方可食用。幼儿餐具应彻底清洗和加热消毒。养护人注意个人卫生。培养幼儿养成饭前便后洗手等良好的卫生习惯，以减少肠道细菌、病毒以及寄生虫感染的机会。

因为幼儿胃肠道抵抗感染的能力极为薄弱，需要格外强调幼儿膳食的饮食卫生，减少儿童肠道细菌和病毒感染以及寄生虫感染的机会。切忌养护人用口给幼儿喂食物的习惯。

1~3岁聪明宝宝营养食谱

1 ～ 1.5 岁 牙齿初成期 软烂型食物

● 芝麻拌芋头

主料：小芋头1个，白芝麻适量。

调料：生抽、海味汁各少许。

制做：

1.芝麻放入锅中，小火慢炒至熟，盛出晾凉备用。

2.芋头洗净，放入沸水中煮熟，取出去皮，捣成泥状。

3.芝麻放入碗中，加入芋头泥拌匀，淋入生抽、海味汁搅拌均匀即可。

● 红薯拌胡萝卜

主料：红薯、胡萝卜、熟黑芝麻少许。

调料：盐、白糖、香油各适量。

制做：

1.红薯、胡萝卜洗净去皮，处理成细丝。

2.锅中放水煮开后，把红薯丝和胡萝卜丝放入煮1～2分钟至熟，捞出沥干水分。

3.煮好的红薯丝和胡萝卜丝放入碗中，加盐、少量白糖拌匀。在表面撒少许黑芝麻，淋上香油即可。

营养经

红薯含有丰富的糖、纤维素和多种矿物质、维生素，其中胡萝卜素、维生素C和钾尤多。经过蒸煮后，红薯内部淀粉发生变化，膳食纤维增加，能有效刺激肠道的蠕动，促进排便。红薯中还含有大量黏液蛋白，能够防止肝脏和肾脏结缔组织萎缩，提高人体免疫力。红薯中还含有丰富的矿物质，对于维持和调节人体功能，起着十分重要的作用，其中的钙和镁可以预防骨质疏松症。

聪明宝宝营养指南

肉末拌丝瓜

主料：丝瓜 1 根，猪肉末 20 克。

调料：香油、生抽、盐、醋、植物油各适量。

制做：

1. 猪肉末放入油锅中炒熟，盛出备用。

2. 丝瓜去皮，洗净，切成丝，用沸水焯一下，捞出过凉备用。

3. 将焯过的丝瓜盛入盘中，混入熟肉末，加入香油、生抽、盐、醋，搅拌均匀即可。

鸡肉拌南瓜

主料：南瓜 20 克，鸡胸肉 30 克，牛奶 20 毫升。

调料：盐适量。

制做：

1. 鸡胸肉洗净。南瓜去掉外层老皮和瓜籽，切成小块。

2. 大火烧开锅中的水，加入盐和鸡胸肉，煮 10 分钟至鸡肉熟软，取出，趁热撕成细丝；大火烧开蒸锅中的水，放入切好的南瓜块，蒸至熟软取出。

3. 将撕好的鸡丝与蒸熟的南瓜小块放入碗中，加入牛奶，拌匀即可。

鸡茸西蓝花

主料：鸡脯肉 50 克，西蓝花 200 克，火腿 10 克，蛋清适量。

调料：鸡汤、料酒、盐、淀粉、大葱、姜、植物油各适量。

制做：

1. 先将鸡脯去筋膜，剁成细茸；西蓝花切块；火腿切末；将鸡茸加适量鸡汤、料酒、淀粉、蛋清搅均匀。

2. 锅置火上，加适量油热后放葱、姜炒香，放入西蓝花，加少许鸡汤烧透。

3. 拣出葱姜，倒入鸡茸翻炒熟，加盐，淋明油出锅，撒上火腿末即成。

● 青菜牛奶羹

原料：菠菜2棵，面粉少许，牛奶50克。

调料：黄油、盐若干。

制做：

1. 将菠菜洗净、切碎备用。

2. 用黄油在锅里将面粉炒好，之后加入牛奶煮，并用勺轻轻搅动。加入切好的菠菜同煮，当蔬菜煮烂之后放少许盐调味即可。

● 素炒豆腐

主料：豆腐、鲜冬菇各50克，胡萝卜、黄瓜各20克。

调料：料酒、葱末、姜末、盐、香油、植物油各少许。

制做：

1. 豆腐洗净、压碎；鲜冬菇去蒂洗净，切小块；胡萝卜洗净，切小丁；黄瓜洗净，切末。

2. 锅内放油，烧热后用葱末，姜末炝锅，随后加入豆腐碎、冬菇块、胡萝卜丁、黄瓜末煸炒透，加入料酒、盐调味，淋入香油即可。

● 豆腐蒸蛋

主料：内酯豆腐1盒，鸡蛋1个，胡萝卜半根，鲜香菇2朵。

调料：植物油、葱末、盐各少许。

制做：

1. 豆腐洗净，将水分沥干；胡萝卜、香菇分别洗净，切成碎末；鸡蛋磕入碗中打散。

2. 将豆腐、鸡蛋液及各种碎末一并放入碗中，搅拌均匀后，加入盐、少许植物油，置于蒸锅中，待水沸后再蒸5分钟即可起锅食用。

● 清蒸冬瓜盅

主料: 冬瓜 200 克, 熟冬笋、水发冬菇、蘑菇各 40 克, 彩椒 20 克。

调料: 香油、料酒、酱油、味精、白糖、淀粉各适量。

制做:

1. 将冬瓜选肉厚处用圆槽刀捅出 14 个圆柱形, 焯水后抹香油待用。

2. 冬菇、蘑菇洗净, 冬笋去皮, 各切碎末; 锅置火上, 下 6 成热油中煸炒, 再加料酒、酱油、白糖、味精、冬菇汤, 烧开后勾厚芡, 冷后成馅。

3. 冬瓜柱掏空填上馅, 放盘中, 上笼蒸 10 分钟取出装盘, 盘中汤汁烧开调好味后勾芡, 浇在冬瓜盅上即可。

营养经

冬瓜含有的膳食纤维可以帮助消化, 且含维生素 C 和钾较多, 钠含量较低, 高血压、肾脏病、浮肿病等患者食之, 可达到消肿的作用。冬瓜中所含的丙醇二酸, 能有效地抑制糖类转化为脂肪, 加之冬瓜本身含脂肪少, 热量不高, 对于防止人体发胖具有重要意义, 还有助于体形健美。

● 奶油冬瓜球

主料: 冬瓜 500 克, 炼乳 20 克, 熟火腿 10 克。

调料: 盐、鲜汤、香油、水淀粉、味精各适量。

制做:

1. 冬瓜去皮, 洗净削成见圆小球, 入沸水略煮后, 倒入冷水使之冷却。

2. 将冬瓜球排放在大碗内, 加盐、味精、鲜汤上笼用武火蒸 30 分钟取出。

3. 把冬瓜球复入盆中, 汤倒入锅中加炼乳煮沸后, 用水淀粉勾芡, 冬瓜球入锅内, 淋上香油搅拌均匀, 最后撒上火腿末出锅即成。

● 丝瓜炒双菇

主料：蟹味菇50克，干香菇20克，丝瓜60克。

调料：酱油、白糖、盐、淀粉、植物油各适量。

制做：

1. 丝瓜洗净切片，用水焯一下，捞出过凉，再用少量油炒熟，加盐调味后盛出。

2. 干香菇泡软、去蒂。用少量油炒过。加酱油、白糖烧3分钟。

3. 蟹味菇洗净，放入香菇中同烧，汤汁稍收干时，勾芡，盛出放丝瓜中间即可。

● 香菇炒三素

主料：鲜香菇、胡萝卜、山药各100克，卷心菜250克。

调料：盐、植物油各适量。

制做：

1. 将香菇、卷心菜、胡萝卜、山药分别洗净切成片。

2. 油锅烧热，先炒胡萝卜、香菇，再放入卷心菜、山药；炒熟后，加入盐调味即可。

● 蒸红薯芋头

主料：红薯、芋头各50克。

制做：

1. 将红薯和芋头洗净后，放在高压锅蒸熟。

2. 红薯和芋头分别去皮后，拿勺背压成泥状即可。

聪明宝宝营养指南

玉米拌菜心

主料：玉米粒 30 克，油菜心 20 克。

调料：香油、盐各适量。

制做：

1. 将玉米粒与油菜心用水洗干净后，放入滚水中煮熟。

2. 将玉米粒和油菜心捞出，沥干水分，拌入香油和盐即可。

七彩香菇

主料：水发香菇 100 克，水发木耳 100 克，青椒 50 克，红椒 50 克，熟冬笋 50 克，绿豆芽 50 克，干粉丝 25 克。

调料：盐、胡椒粉、淀粉各少许。

制做：

1. 七彩卤汁：先把水发香菇、青椒、红椒、熟冬笋、绿豆芽、水发木耳都切成细丝，放入锅内用少量油煸一下，再加上汤水及盐、胡椒粉，勾芡成漂亮的七彩卤汁。

2. 松脆粉丝：把精制油或猪油烧至七成熟，将干粉丝下锅炸至膨松、酥脆，捞出冷却后，放入无水的盘子里。

3. 把七彩卤汁浇到粉丝上即可。

芹菜焖豆芽

主料：绿豆芽 50 克，西芹 1 根，葡萄干适量。

调料：姜、盐、高汤、植物油各适量。

制做：

1. 西芹择洗干净，切段；姜去皮，洗净，切碎，葡萄干泡水约 20 分钟，绿豆芽洗净备用。

2. 锅内倒油烧热，炝香姜末，再放入西芹、高汤略煮，然后加入绿豆芽、葡萄干，煮约 5 分钟后，加盐调味，快速收干汤汁即可。

● 西红柿炒鸡蛋

主料：鸡蛋 3 个，西红柿酱 50 克。

调料：植物油、葱花、盐、白糖各适量。

制做：

1. 西红柿洗净切块；将鸡蛋打入碗中，加入适量的盐搅拌均匀。

2. 锅置火上，倒入适量油，将打好的鸡蛋倒入，炒熟盛出备用。

3. 再起锅，倒入些许油，葱花爆香，放入西红柿翻炒，加入糖和盐翻炒均匀，倒入炒熟的鸡蛋即可出锅。

● 红肠煎蛋

主料：红肠 1 根，鸡蛋 2 个。

调料：植物油、生抽各少许。

制做：

1. 红肠去肠衣，切成薄片；鸡蛋在碗里打散，将蛋液搅拌均匀。

2. 锅置火上，倒入植物油烧热后，下红肠翻炒片刻，倒入鸡蛋，煎至两面呈金黄色，滴 1 滴生抽即可。

● 双色蛋片

主料：鸡蛋 100 克（2 个），青椒、水发木耳各 8 克。

调料：植物油、精盐、香油、水淀粉各适量，葱、姜末各少许，鸡汤 40 克。

制做：

1. 将鸡蛋磕开，把蛋清、蛋黄分放在两个碗内，再分别加入少许精盐和水淀粉搅拌均匀。

2. 取两只盘子抹少许油，把蛋清、蛋黄分别倒入盘内，上笼用中火慢蒸 10 分钟，

视蛋液结成块，取出冷却后切成菱形片。

3. 把青椒去蒂、籽，洗净，切成小片；木耳择洗干净，撕成小碎片。

4. 炒锅置火上，放少许油烧热，下入葱、姜末炝锅，放入青椒、木耳，加入鸡汤，烧开后加入精盐，用水淀粉勾芡，投入蛋片，淋入香油，盛入盘内即成。

聪明宝宝营养指南

● 鸡丝炒青椒

主料：青椒 50 克，鸡脯肉 200 克，鸡蛋 1 个 (取蛋清)。

调料：植物油、干淀粉、料酒、花椒、葱、盐各适量。

制做：

1. 鸡脯肉洗净，切丝；青椒去蒂，洗净，切丝；葱洗净，切末。

2. 将鸡丝与蛋清拌匀，加干淀粉、料酒、盐腌渍 10 分钟。

3. 锅置火上，放适量植物油，烧热后倒入花椒，爆出香味，再放入鸡丝，煸炒至白色，随后下入青椒丝，大火快速翻炒，加盐、葱末等炒匀，即可。

● 软煎鸡肝

主料：鸡肝 100 克，面粉少许。

调料：鸡蛋清、精盐、植物油各适量。

制做：

1. 将鸡肝洗净，摘去胆囊，切成圆片，撒上精盐、面粉，蘸满蛋清液。

2. 锅置火上，放油烧热，下入鸡肝，煎至两面呈金黄色即可。

营养经

鸡肝富含维生素 A、维生素 B1、维生素 B2、尼克酸、维生素 C、蛋白质、脂肪、糖类、钙、磷、铁等成分，有补肝益肾等功效。此菜鸡肝与蛋清等合用，营养丰富，能补充维生素 A、铁质等不足，具有大补气血、柔肝养阴、益聪明目、护肤美容作用。适合婴幼儿食用。

奶油焖虾仁

主料：鲜虾仁 500 克，奶油半杯，蛋黄 1 个。

调料：植物油、料酒、盐、胡椒粉各少许。

制做：

1. 将虾用水浸泡，竹签挑去背部的沙肠，洗净后，用纸吸去水分。

2. 油锅起火，油热后加入虾，大火快炒，加入料酒、盐，待虾变色后立即取出。

3. 将鸡蛋打入碗中，滤去蛋清，留下蛋黄，打散。

4. 将奶油倒入锅中，小火煮约 5 分钟左右。

5. 将蛋黄打入奶油中，快速搅拌，煮沸前加入虾、胡椒粉，稍煮即成。

清蒸白鱼

主料：白鱼肉 200 克，肥膘肉 20 克，玉兰片 10 克，火腿 10 克，油菜适量。

调料：料酒、花椒、盐、味精、米醋、大葱、姜各适量。

制做：

1. 将活白鱼肉洗净，入沸水锅中略烫一下捞出，刮净黑皮洗净，两面剞上斜十字花刀，放入容器内，加肥膘肉、玉兰片、火腿片、油菜段、盐、料酒、花椒、葱、米醋、姜块上屉蒸熟取出，拣去葱、姜块和肥膘肉不用。

2. 将鱼肉轻放在汤碗内，原汤沥入炒勺中烧开，撇去浮沫，加入味精，浇在鱼碗内，再将玉兰片、火腿片、油菜段交替摆在鱼上，上桌时带米醋、姜米佐食即可。

聪明宝宝营养指南

● 橙汁鱼片

主料： 橙子、鱼片各适量。

调料： 果汁、吉士粉、白糖、料酒、盐、植物油各适量。

制做：

1. 先将橙子去皮切成丁。在吉士粉中加入适量的果汁，再加水调开，以小火煮沸，放入切成丁的鲜橙和糖调匀后备用。

2. 将鱼切成片状，加入料酒与盐腌制片刻；用面粉加少许水做成面糊，将鱼片沾上面糊后放入油锅中滑油。最后，将煮好的橙汁淋上鱼片拌匀即可。

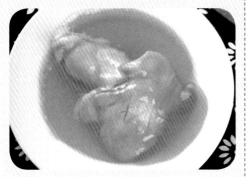

● 花生酱蛋挞

主料： 牛奶200克，鸡蛋2个。

调料： 花生酱、白糖、植物油各适量。

制做：

1. 将鸡蛋打散，搅匀备用。

2. 将牛奶与花生酱混合，搅拌均匀成糊状，加入白糖、鸡蛋液，再次顺着一个方向搅拌均匀。

3. 将小蒸杯内层涂一层植物油，倒入搅拌好的牛奶花生酱蛋液，放入蒸锅，蒸15分钟左右即可。

● 菠菜蛋卷

主料： 鸭蛋，菠菜各适量。

调料： 植物油、盐、黑胡椒粉各适量。

制做：

1. 菠菜切末；鸭蛋4个打成蛋液；将两者混合后，加入盐、黑胡椒粉拌均匀。

2. 锅置火上，锅热后，用厨房纸巾刷上些植物油，倒入一半的蛋液，转小火，蛋液呈半凝固状时，开始从右往左卷起来。

3. 再用厨房纸巾刷上些油，倒入剩下的蛋液，同上一样卷起来；开中火，将卷的蛋饼再正反面烙下，使之里面熟透；出锅切块即可。

● 土豆牛肉饼

主料：土豆1个，牛肉50克，鸡蛋1个。

调料：植物油、酱油、葱末、淀粉、盐各适量。

制做：

1. 将土豆削皮，煮熟研成泥。

2. 将牛肉末、酱油、葱末、鸡蛋、淀粉搅拌均匀。

3. 再加土豆泥、盐搅拌，做成饼胚。

4. 在平锅中加油加热，将饼胚逐个放入锅中煎熟即可。

● 香浓鱼蛋饼

主料：鱼泥50克，鸡蛋2个（打成蛋液），面粉20克。

调料：植物油、盐各适量。

制做：

1. 鸡蛋液、鱼泥、盐和面粉拌匀呈糊状。

2. 锅置火上，烧热后加适量油，将调好的面糊按一勺的量，分次放进去，两面煎熟即可。

● 海苔豆腐卷

主料：豆腐100克，肉末50克，虾米10克，海苔1张。

调料：盐、淀粉各适量。

制做：

1. 豆腐洗净，和肉末、虾米一起搅拌成泥，加入盐和淀粉拌匀。

2. 海苔铺开，将豆腐泥铺上卷起，水开后入蒸锅中火蒸10～15分钟左右即可。

聪明宝宝营养指南

● 蒸白菜卷

主料：白菜250克，猪肉(肥瘦)100克，鸡蛋2个。

调料：大葱、姜、料酒、鸡精、盐、淀粉、胡椒粉、香油各适量。

制做：

1. 将大白菜叶放入沸水锅中焯一下，再放入冷水中过凉，捞出备用；葱、姜切末备用；.将猪肥瘦肉洗净后剁细成馅备用。

2. 将猪肉馅加入葱末、姜末、料酒、鸡精、盐、胡椒粉、鸡蛋、香油搅至上劲；将烫好的大白菜摊开，包入搅好的猪肉馅成卷状。

3. 将包好的大白菜卷用旺火蒸5分钟，取出装盘。

4. 将锅置于旺火上，倒入滗出的汤汁，再加入适量清水、盐、鸡精、用湿淀粉勾芡，淋入葱姜汁，浇在大白菜卷上即可。

● 冬瓜肝泥卷

主料：猪肝30克，冬瓜30克，馄饨皮适量。

调料：米酒半小匙，盐少许。

制做：

1. 冬瓜洗净后切成末，猪肝洗净后，剁碎成泥。

2. 将冬瓜末和猪肝泥混合，加米酒和盐搅拌后做成馅，用馄饨皮卷好，上锅蒸即可。

营养经

肝泥可提供丰富的维生素A，对小儿生长发育很有好处。与冬瓜结合，可以使营养搭配得更完美。

● 猪肝摊鸡蛋

主料：猪肝20克，鸡蛋1个。

调料：植物油、盐各适量。

制做：

1. 猪肝洗净，用热水焯过后，切碎。

2. 鸡蛋打到碗里，放入碎猪肝和盐搅拌均匀。

3. 锅内放油烧热后，倒入蛋液，两面煎熟即可。

● 肉末海带面

主料：猪肉末 100 克，海带丝 50 克，面条 200 克。

调料：盐、酱油、葱末、姜末、料酒、植物油各适量。

制做：

1. 海带丝洗净，猪肉末加酱油、葱末、姜末、料酒拌匀。

2. 锅中加水煮沸后，放入面条用中火煮 3 分钟至熟，捞出沥水。

3. 另取一锅置火上，放适量植物油烧热后，下入肉末用大火煸炒片刻，加适量清水、海带丝、葱末、姜末转小火同煮 10 分钟，再放入煮好的面条，加盐调味即可。

● 鸡汤小馄饨

主料：馄饨皮 10 张，鸡汤 400 毫升，猪肉馅 50 克。

调料：香葱、姜末、盐、生抽、香油各适量。

制做：

1. 将剁好的猪肉馅和调味料一起倒入碗中，朝一个方向搅拌均匀至肉馅上劲黏稠。

2. 取一张馄饨皮放在掌心，在皮中间放入适量肉馅，依次包好所有的馄饨。

3. 锅中倒入鸡汤煮开，放入馄饨，等到再次沸腾后，再煮 3 ~ 5 分钟即可关火。连汤一起倒入碗中撒上葱花和淋上香油即可。

聪明宝宝营养指南

虾仁蛋饺

主料：饺子皮10张,鲜虾7只,鸡蛋2个,小青菜50克。

调料：葱末、姜末、盐、料酒各适量。

制做：

1.将新鲜的虾仁洗净剁碎,加入盐、姜葱、料酒等佐料,放蒸锅内蒸15分钟后待用。

2.把生鸡蛋打入碗中调匀;将鸡蛋液摊在炒锅中,待上面鸡蛋液尚未凝固时加入虾仁,然后把鸡蛋对折成半月形,翻面煎一下即可取出待用。

3.水开后,加入青叶蔬菜和蛋饺,稍加煮沸即可食用。

鸡汤水饺

主料：面粉250克,猪肉150克,青菜80克,紫菜5克,鸡汤500克。

调料：猪油、香油、酱油、精盐、葱、姜末各适量。

制做：

1.将菜择洗干净,剁成碎末,挤去水分;猪肉剁成末,加入酱油、精盐、葱姜末拌匀,再加入适量的水调成糊状,最后放入猪油、香油、菜末拌成馅待用。

2.将面粉放入盆内,加冷水250克和成面团,揉匀,搓成细条,按每50克10个下剂,用面杖擀成小圆皮,加入馅,包成小饺子待用。

3.先用开水将饺子煮至八成熟捞出,放入鸡汤内煮,加入精盐、紫菜即成。

蛋花麦仁粥

主料： 麦仁 30 克，鸡蛋 1 个。

调料： 白糖、植物油各适量。

制做：

1. 将鸡蛋打散，搅匀，入油锅炒熟备用。

2. 把麦仁用热水泡软后倒入锅中，用小火煮 5 分钟，慢慢搅拌。

3. 将炒好的鸡蛋倒入麦仁锅中，略煮 2 分钟，加入白糖轻轻搅拌即可。

营养经

麦仁为全麦谷物颗粒，含有麦类谷物的全部营养成分。不含胆固醇，富含纤维。含有少量矿物质，包括铁和锌。

梨汁糯米粥

主料： 雪梨 2 个，糯米 100 克。

调料： 冰糖适量。

制做：

1. 将雪梨去核捣碎，然后去渣留汁。

2. 把洗净的糯米和冰糖放进雪梨汁中同煮成粥即可。

营养经

雪梨营养丰富，含有蛋白质、脂肪、糖以及多种维生素和矿物质，生吃可以去火，煮着吃可以润肺。这款梨汁糯米粥就具有清热解毒、消食和胃的功效。

水果西米露

主料： 西米、牛奶（或者椰奶）、水果各适量。

制做：

1. 西米洗净后，倒入沸水中，煮到西米半透明，把西米和热水隔开。

2. 再煮一锅沸水，将煮到半透明的西米倒入沸水中煮，直到全透明，将沸水都倒去；煮一小锅牛奶并加少许糖；将西米倒进牛奶中煮至开锅；将煮好的西米牛奶晾凉，加入水果丁，即可。

● 牛肉茸粥

主料：粳米 150 克，牛里脊肉 200 克，糯米粉 50 克，陈皮 3 克，圆白菜 15 克。

调料：香菜、大葱、盐、白砂糖、酱油、淀粉、植物油各适量。

制做：

1. 粳米洗净，浸泡半小时后捞起沥干，加入沸水锅内和陈皮同煮。

2. 牛肉洗净切碎，剁烂成茸，并用淀粉、盐、白砂糖、植物油、酱油拌匀。

3. 干米粉用烧沸的油炸香，捞起备用，粥煮 25 分钟后，净牛肉茸下锅，待再煮沸时加入香菜、葱末、圆白菜粒和炸香的米粉，即可盛起食用。

营养经

糯米含有蛋白质、脂肪、糖类、钙、磷、铁、维生素 B1、维生索 B2、烟酸及淀粉等，营养丰富，为温补强壮食品。

● 鸭茸米粉粥

主料：鸭脯肉 50 克，米粉 75 克。

调料：植物油少许。

制做：

1. 鸭脯肉洗净，剁碎。

2. 锅置火上，倒油烧热，放鸭肉碎慢炒成鸭茸。

3. 用凉水将米粉调开，倒入锅内，加温水拌匀，用大火煮沸后，加鸭，转小火焖煮 5 分钟即可。

● 双米银耳粥

主料：大米、小米各 30 克，水发银耳 20 克。

制做：

1. 大米和小米分别淘洗干净备用。

2. 水发银耳去蒂，择洗干净，撕成小朵。

3. 锅内放水，加入大米、小米，大火煮沸后，放入银耳，转中火慢慢煮约 15 分钟，至银耳将溶之时关火即可。

● 鸡肉油菜粥

主料： 鸡脯肉 50 克，大米 15 克，油菜适量。

调料： 植物油、盐各适量。

制做：

1. 大米洗净，浸泡 1 个小时；油菜洗净，切末；鸡脯肉洗净，剁泥。

2. 锅置火上，加大米和水，大火煮沸，再转小火将粥煮至黏稠。

3. 另取一锅，加油烧热，放入鸡肉泥煸炒至熟；将炒好的鸡肉泥放在大米粥中，煮 10 分钟左右，放入油菜末煮 1 分钟，出锅前加盐，即可。

● 木耳银鱼煮馒头糊

主料： 水发黑木耳 20 克，银鱼 50 克，馒头 100 克。

调料： 盐、葱、香油、植物油、高汤各适量。

制做：

1. 将馒头去皮，撕碎；水发黑木耳洗净，撕成小块；银鱼洗净；葱洗净，切末。

2. 锅置火上，倒油烧热，下葱末爆香，加银鱼、黑木耳翻炒片刻、加高汤大火煮沸，再转小火煮 20 分钟。

3. 再加碎馒头稍煮，加盐调味，淋香油即可。

● 飘香紫米粥

主料： 大米、紫米各 50 克，芝麻、山楂糕各适量。

调料： 红糖适量。

制做：

1. 芝麻炒香备用；山楂糕切成粒。

2. 紫米、大米分别淘洗干净，加适量清水，入锅中，大火煮沸后，再转小火煮 15 分钟左右至粥黏稠。

3. 把炒过的芝麻及红糖放进粥内，搅拌均匀，出锅前撒上山楂糕碎，即可。

聪明宝宝营养指南

● 虾仁豆花羹

主料：嫩豆腐1块，鲜虾仁10只，香菇6朵，鸡蛋2个。

调料：胡椒粉、香葱、盐、料酒、香油各适量。

制做：

1. 豆腐搅打成泥状，干香菇泡发。

2. 鸡蛋打入豆腐泥中，搅拌均匀。

3. 虾仁切丁，泡发的香菇切成丁，倒入豆腐泥中。

4. 调入盐、料酒、胡椒粉，彻底搅拌均匀，将豆腐泥盛入碗中，放入蒸锅中大火蒸约10分钟，出锅后在表面撒少许香葱碎，滴几滴香油即可。

● 西红柿牛肉羹

主料：西红柿、牛肉馅各50克。

调料：葱花、姜末、精盐、植物油、淀粉适量。

制做：

1. 在预热的炒锅中放入植物油，油热后放入葱花、姜末等炝锅，最后加入适量水。

2. 牛肉馅焯一下，去除生肉的肉腥味，再放入锅中，文火炖。

3. 牛肉馅烂后，西红柿切成薄片放入，水淀粉勾芡，加少量精盐调味即可。

● 鱼菜米糊

主料：米粉15克，三文鱼肉25克，青菜适量。

调料：盐适量。

制做：

1. 米粉酌加清水，浸软后搅为糊状。

2. 再入锅，用旺火烧沸大约8分钟；将鱼肉和蔬菜洗净剁泥，一同放入锅里，继续煮至鱼肉熟透即可。

● 鱼香茄子羹

主料： 茄子100克，鸡蛋1个。

调料： 葱末、姜末、蒜末、白糖、甜椒、老抽、醋、盐、植物油各少许。

制做：

1. 将茄子用水煮熟后，去皮，去头尾，压成茄泥；鸡蛋打到碗里搅拌；甜椒洗净，剁成茸。

2. 锅内放油烧至五成热，将茄泥与蛋液搅拌均匀后，放进去炒香，取出放碗里。

3. 锅内放植物油，烧至五成热，放甜椒茸，炒至油呈红色，投入葱末、姜末、蒜末炒香，加少许水、老抽、白糖、醋、盐勾成鱼香味，最后将汁淋在茄泥上即可。

● 鸡蛋黄瓜面片汤

主料： 鸡蛋1个，黄瓜半根，面片20克。

调料： 油、盐各少许。

制做：

1. 黄瓜洗净，切片，鸡蛋打到碗里，搅匀。

2. 锅内放油烧热后，倒入黄瓜略炒，然后铺上蛋液，翻炒后加水大火烧煮。

3. 水开后，下入面片，搅拌均匀，中火煮10分钟左右，加盐即可。

营养经

黄瓜中含丰富的蛋白质、脂肪、矿物质（钾、钙、磷、铁）、维生素A、维生素B1、维生素B2、维生素C等，都是对宝宝的健康发育很有好处的营养素。

● 丝瓜香菇汤

主料： 丝瓜250克，香菇100克.

调料： 葱、姜、味精、盐各适量，植物油少许。

制做：

1. 将丝瓜洗净，去皮棱，切开，去瓤，再切成段；香菇用凉水发后，洗净。

2. 起油锅，将香菇略炒，加清水适量煮沸3～5分钟，入丝瓜稍煮，加葱、姜、盐、味精调味即成。

聪明宝宝营养指南

山药红豆羹

主料：新鲜山药 300 克，赤豆 100 克，淀粉 50 克。

调料：砂糖、糖桂花各适量。

制做：

1. 山药洗净煮熟去皮，切粒烧酥待用。

2. 赤豆洗净烧酥同熟山药放在一起，加入砂糖，用湿淀粉勾芡后，撒上少许糖桂花即成。

萝卜疙瘩汤

主料：白萝卜 100 克，面粉适量。

调料：植物油、盐、葱花、酱油、香油各适量。

制做：

1. 白萝卜切条；面粉加水调匀，调成浓稠的面糊。

2. 锅热后倒油，葱花炝锅，倒入白萝卜炒匀，倒入适量酱油，搅拌均匀，倒入清水。

3. 水开后，把面糊一点一点倒入开水中，自然形成面疙瘩，把面疙瘩煮熟，放盐，香油即可。

萝卜丝汤

主料：白（青）萝卜 100 克，白面粉 15 克。

调料：植物油、虾米、香菜、姜末、胡椒粉、味精、精盐、料酒各适量，高汤 300 克。

制做：

1. 将萝卜去皮切成细丝，过开水略氽捞出备用；虾米开水泡软；香菜洗净切碎。

2. 锅上火加入植物油，烧至五成热时，投入面粉略炒，随后加高汤 300 克，再加萝卜丝、虾米、姜末投入锅内，再加入胡椒粉、精盐、味精、料酒，烧开后撒入香菜末，倒入小碗中即成。

1.5～3岁 牙齿成熟期 全面型食物

　　1.5～3岁的宝宝，饮食的主要特点是从婴儿期以乳类为主、食物为辅，转变为食物为主、乳类为辅。为了让孩子更好的逐步适应，爸妈在安排宝宝营养饮食时，必须有足够的热能和各种营养素，营养素之间应保持平衡关系。蛋白质、脂肪与碳水化合物供给量的比例要保持在1：1或2：4，不能失调。

　　在制作上，首先要做到细、软、烂。面条要软烂，面食以发面为好，肉要斩末切碎，鸡、鱼要去骨刺，花生、核桃要制成泥、酱，瓜果去皮核，含粗纤维多及油炸食物要少用，刺激性食品应少给幼儿吃。其次要小和巧，不论是馒头还是包子，一定要小巧。巧，就是让幼儿好奇喜爱。这样的食品通过视觉、嗅觉等感官，传导至小儿大脑食物神经中枢，引起反射，就能刺激食欲，促进消化液的分泌，增进消化吸收功能。

● 苹果香蕉沙拉

主料：苹果150克，香蕉100克，柠檬半个。

调料：沙拉酱50克，酸奶1盒，盐。

制做：

1. 将苹果洗净去皮切成滚刀块。

2. 香蕉去皮切成滚刀块。

3. 沙拉酱加盐、酸奶、柠檬汁拌匀，放入苹果、香蕉拌匀即可。

● 鸡肉沙拉

主料：鸡肉100克，西蓝花1朵，鸡蛋1个。

调料：沙拉酱、西红柿酱各适量。

制做：

1. 将鸡肉煮熟切碎，鸡蛋和西蓝花煮熟切碎。

2. 用沙拉酱和西红柿酱配制调味酱。

3. 将材料加入调味酱拌匀即可。

风味土豆泥

主料： 土豆 200 克，胡萝卜丁、西芹丁各 20 克。

调料： 炼乳 20 克、奶粉 10 克。

制做：

1. 把土豆清洗干净去皮切成片，蒸箱蒸 30 分钟软烂后打成泥状放容器里，加奶粉炼乳拌匀。

2. 胡萝卜去皮切成丁焯水，放入土豆泥中。

3. 西芹切粒焯水放土豆泥中，拌匀即可。

香蕉鲜奶汁

主料： 新鲜熟透香蕉 300 克。

调料： 鲜牛奶 100 毫升，蜂蜜适量。

制做：

将香蕉去皮切段，放入果汁机中，倒入鲜牛奶，搅拌均匀，果汁与果肉一同倒入杯中，加入蜂蜜调味即可。

肉末芹菜

主料： 猪瘦肉 100 克，芹菜 200 克。

调料： 植物油、酱油、精盐、料酒各适量，葱、姜末少许。

制做：

1. 将芹菜择洗干净，切碎，用开水烫一下。

2. 将猪肉剁碎成末，锅内放油，烧热后将葱姜末放入炝锅，然后放入肉末，炒散后加入酱油、精盐、料酒炒几下，再将芹菜放入，一同炒几下即可。

肉炒茄丝

主料：茄子 200 克，猪瘦肉 100 克。

调料：葱、姜、蒜末、料酒、盐、白砂糖、酱油、大豆油各适量。

制做：

1. 将茄子去皮，切成均匀的细丝，用清水泡 3 分钟，捞出沥净水。

2. 将猪肉洗净切成细丝，用盐、水淀粉抓匀上浆。

3. 肉丝入四成热油中滑透，倒入漏勺。

4. 锅内留底油烧热，放入葱、姜丝炝锅，再烹入料酒，放入茄丝煸炒，加白砂糖炒至茄丝嫩热，放入肉丝炒匀，再加酱油、蒜末和盐，出锅装盘即成。

海带炒肉丝

主料：猪肉 50 克，水发海带 100 克。

调料：植物油、酱油、精盐、白糖各适量，葱姜末各少许，水淀粉适量。

制做：

1. 将海带洗净，切成细丝，放入锅内煮 15 分钟，等海带软烂后，捞出沥水待用。

2. 将猪肉用清水洗净，切成肉丝。

3. 锅置火上，放入油，热后下入肉丝，用旺火煸炒 1 ~ 2 分种，加入葱姜末、酱油搅拌均匀，投入海带丝、清水（以漫过海带为度）、精盐、白糖，再以大火炒 1 ~ 2 分钟，用淀粉勾芡出锅即成。

聪明宝宝营养指南

● 绿豆芽炒肉丝

主料： 绿豆芽 250 克，瘦肉 100 克。

调料： 植物油、葱丝、酱油、料酒、白糖、精盐各适量。

制做：

1. 将绿豆芽摘去根，洗干净，控去水分。

2. 把猪肉切成丝。

3. 锅内放油烧热，爆香葱丝后下入肉丝煸炒，再加入酱油、料酒、白糖翻炒均匀。待肉丝微卷，即可盛出。

4. 另起锅，锅内放油，烧热，先放入精盐，随即把绿豆芽倒入。待豆芽炒至半熟时，将肉丝倒入，炒到豆芽熟了，即可出锅。

● 肉末炒胡萝卜

主料： 猪肉 200 克，胡萝卜丁 100 克，西蓝花、黑木耳各适量。

调料： 植物油、淀粉、料酒、盐各适量。

制做：

1. 西蓝花洗净，切丁，焯烫，沥水备用；黑木耳泡发，洗净，撕碎。猪肉洗净，切碎，用盐、料酒、淀粉拌匀上浆，备用。

2. 锅内放入适量植物油烧热，下肉末滑炒至变色后，加入胡萝卜丁、西蓝花丁、黑木耳用中火翻炒几下，加少许水，焖 5 ~ 6 分钟，加盐调味即可。

营养经

西蓝花含有丰富的维生素 K：有些人的皮肤一旦受到小小的碰撞和伤害就会变得青一块紫一块的，这是因为体内缺乏维生素 K 的缘故，补充的最佳途径就是多吃西蓝花。西蓝花含有丰富的维生素 C，能够增强肝脏解毒能力，并能提高机体的免疫力，防止感冒和坏血病的发生。

● 糖醋肝条

主料： 猪肝 250 克，青椒 50 克。

调料： 精制油适量，葱段、姜片、酱油、绍酒、盐、白糖、米醋、淀粉各适量。

制做：

1. 猪肝洗净，改刀成条状，用干淀粉拌和，青椒改刀成条待用。

2. 炒锅上火，放入精制油适量，烧至四成热时，入肝条滑油，放入青椒条，捞出沥油。

3. 炒锅留少许油，放入葱段、姜片煸香，放入少许汤汁，加酱油、盐、绍酒、白糖烧开，入肝条、青椒，入醋，水淀粉勾芡，淋上熟油，出锅装盘即可。

营养经

猪肝营养物质全面，含有丰富维生素 A 和 D，铁含量也很高，均易吸收，能预防治疗贫血，保护宝宝视力。

● 芹菜炒猪肝

主料： 猪肝 300 克，芹菜 100 克，木耳 50 克，鸡蛋 1 个。

调料： 葱、姜、淀粉、蛋清、色拉油、味精、料酒、盐、生抽、老抽、胡椒粉、米醋、白糖各适量。

制做：

1. 猪肝切成片加盐、味精、料酒、蛋清、淀粉腌制上浆。

2. 芹菜洗净切成薄片焯水。

3. 锅内放油烧热，下猪肝滑熟，捞出控去油。

4. 锅内放少许油，煸香葱姜，放入猪肝和芹菜烹，料酒、生抽、老抽、盐、白糖调好口，翻炒均匀，烹米醋出锅装盘。

● 西芹牛柳

主料： 牛肉250克，西芹50克，胡萝卜片20克。

调料： 植物油、葱段、料酒、盐、淀粉、高汤、蛋清、白糖各适量。

制做：

1. 牛肉改刀成薄片，用鸡蛋清、料酒、白糖、盐、水淀粉少许上浆；西芹、胡萝卜改刀成片状待用。

2. 炒锅上火，烧热入植物油适量，烧至三成热时，入牛肉片，滑油，同时入西芹、胡萝卜片滑油，捞出沥油。

3. 锅中留少许油，入葱段爆香，加少许高汤、盐，入牛肉片、西芹、胡萝卜片，加入水淀粉勾芡即可出锅装盘。

● 香芋炒牛肉

主料： 牛肉200克，香芋100克，胡萝卜片适量。

调料： 盐、料酒、香菜段、酱油、植物油、高汤、淀粉各适量。

制做：

1. 牛肉洗净，切薄片，用酱油、淀粉、料酒、盐拌匀上浆；香芋去皮，洗净，切片。

2. 胡萝卜片焯烫后，捞出沥水。

3. 油锅烧热，下入牛肉滑散，再加胡萝卜片、香芋片翻炒后，加高汤焖8分钟，加盐调味，出锅前撒上香菜段即可。

营养经

芋头具有极高的营养价值，能增强人体的免疫功能；芋头含有一种黏液蛋白，被人体吸收后能产生免疫球蛋白，可提高人体的抵抗力。芋头为碱性食品，能中和体内积存的酸性物质，调整人体的酸碱平衡，具有美容养颜、乌黑头发的作用，还可用来防治胃酸过多症。

蒸鸡翅

主料：鸡翅 200 克，豆豉 50 克。

调料：大葱、姜、红椒丝、酱油、植物油适量。

制做：

1. 将锅中水烧开，放鸡翅氽一下捞出，拌少许酱油腌 15 分钟。葱姜洗净，葱切段，姜切丝。

2. 将鸡翅撒在豆豉上放入盘中，再放入姜丝，倒上植物油，上锅蒸 10 分钟左右至熟，撒上葱花即可。

鸡翅胶原蛋白含量丰富，对于保持皮肤光泽、增强皮肤弹性均有好处。

红烧鸡块

主料：鸡肉块 500 克，水发玉兰片（冬笋也可）200 克。

调料：植物油、酱油、盐、白糖、料酒、水淀粉、葱、姜各适量。

制做：

1. 将鸡块洗净，加少许酱油抓匀，入锅炸成金黄色捞出，沥油；水发玉兰片切片，葱切段，姜切片。

2. 油锅烧热，下入葱段、姜片稍煸，即下水、酱油、料酒、盐、白糖、水发玉兰片、炸鸡块，开锅后，撇去浮沫，转微火，炖十几分钟，待汤汁烧去一半，鸡软烂，转大火，挑去葱姜，用水淀粉勾芡收汁，淋明油即可出锅。

● 香肠炒蛋

主料：鸡蛋 4 个，香肠 100 克。

调料：植物油，盐适量。

制做：

1. 将鸡蛋打入盆内；香肠切成碎末。

2. 将香肠末放入鸡蛋盆内，加入盐搅匀。

3. 将油放入锅内，烧热后，把调好的香肠倒入锅内，炒熟即成。

● 莴笋炒鸡蛋

主料：莴笋 100 克、鸡蛋 4 个，火腿片适量。

调料：盐、花生油适量。

制做：

1. 先把莴笋去皮洗净，切成菱形片。鸡蛋磕入碗中打散，搅拌均匀。

2. 鸡蛋过油滑炒一下，盛出来备用。

3. 锅中留底油，放入莴笋片、火腿片、盐翻炒 1 分钟，再加入滑好的鸡蛋翻搅匀，出锅装盘即可。

● 山药黑木耳蜜豆

主料：山药 150 克，黑木耳 150 克，甜蜜豆 100 克。

调料：盐、鸡粉、水淀粉、香油、葱、姜各适量。

制做：

1. 将山药去皮改刀成象眼片。

2. 木耳泡软洗净，与甜蜜豆一起焯水。

3. 锅内放入少量油，煸香葱姜，放入山药、甜蜜豆、黑木耳，加盐、鸡粉调好味，中火翻炒，加水淀粉勾芡，出锅时淋香油即可。

营养经

黑木耳含有丰富的植物胶原成分，它具有较强的吸附作用，对无意食下的难以消化的头发、谷壳、木渣、沙子、金属屑等异物也具有溶解与氧化作用。黑木耳中铁的含量极为丰富，为猪肝的 7 倍多，故常吃木耳能养血驻颜，令人肌肤红润，并可防治缺铁性贫血。

● 酱炒鸡丁

主料： 鸡胸肉250克，腰果、青豆、胡萝卜各适量。

调料： 植物油、料酒、淀粉、盐、高汤各适量。

制做：

1. 鸡胸肉切成丁，用少许料酒、盐和淀粉拌匀，腌10分钟。青豆洗净，胡萝卜切丁焯水备用。

2. 腰果、鸡丁分别滑油备用。

3. 油锅烧热，下入胡萝卜略炒后加入高汤、鸡丁，焖烧2分钟，放入料酒、青豆翻炒，再放入腰果，加盐调味即成。

● 肉末蒸鸡蛋

主料： 鸡蛋1个，瘦猪肉20克。

调料： 香油、酱油、盐各适量。

制做：

1. 将瘦猪肉剁成泥，加入少许酱油腌一下。

2. 将鸡蛋磕到碗内加盐打散，再加入肉泥打匀。

3. 将蛋液肉泥放入蒸锅内，小火蒸15分钟，淋上香油即可。

● 鱼松

主料： 鱼肉100克。

辅料： 植物油、酱油、盐、白糖、料酒各适量。

制做：

1. 鱼肉放盆中，加盐、料酒上笼用旺火蒸至熟透取出，沥去汁水。

2. 炒锅置小火上烧热，放入鱼肉，用锅铲翻炒，至鱼肉发酥时，加入酱油、白糖炒至鱼肉发松，起锅即成。

聪明宝宝营养指南

● 蛋奶鱼丁

主料: 鱼肉 150 克, 鸡蛋 1 个 (取蛋清)。

调料: 植物油、精盐、白糖、牛奶、水淀粉各少许。

制做:

1. 鱼肉洗净, 剔去骨、刺, 剁成茸状, 放入适量精盐、蛋清及水淀粉, 搅拌均匀后, 放入盆中上锅蒸熟, 晾凉后切成小丁。

2. 炒锅内放油烧热, 下入鱼丁煸炒, 然后加适量水和牛奶, 烧沸后加少许精盐、白糖, 用水淀粉勾芡即可。

● 三色鱼丸

主料: 鱼肉 200 克, 胡萝卜末、青椒末、水发黑木耳末各 30 克, 鸡蛋 1 个 (取蛋清)。

调料: 葱末、姜末、高汤、香油、盐、干淀粉、水淀粉、植物油各适量。

制做:

1. 鱼肉洗净, 去刺剁泥, 加蛋清、盐、葱末、姜末、干淀粉和高汤搅匀, 做成鱼丸, 焯熟沥水。

2. 热油爆香葱末, 下胡萝卜末、青椒末、水发黑木耳末略炒, 加高汤煮沸下鱼丸, 用水淀粉勾芡, 加盐、香油调味即可。

● 核桃鱼丁

主料: 核桃仁 100 克, 鱼肉 200 克。

调料: 盐、植物油、料酒、葱、淀粉各适量。

制做:

1. 鱼肉洗净, 剔去骨刺, 切丁, 用料酒、淀粉拌匀, 腌制片刻; 核桃仁炒熟, 切碎; 葱洗净, 切末。

2. 锅置火上, 放适量植物油, 烧热后, 下入鱼片滑散, 加料酒、葱末翻炒, 再加核桃仁、盐翻炒均匀即可。

● 白玉鲈鱼片

主料: 鲈鱼 1 条, 鸡蛋 1 个, 山药 50 克, 荷兰豆 25 克, 梨 1 个。

调料: 葱姜汁、料酒、白糖、盐、植物油、水淀粉各适量。

制做:

1. 鲈鱼常规打理后切成薄片, 用少许盐、蛋清、淀粉上浆; 山药削皮切片; 荷兰豆切段; 梨削皮去核切小片; 葱姜洗净, 温水泡 15 分钟成为葱姜汁。

2. 炒锅烧热, 倒入油, 烧至三成热, 放入鱼片, 轻轻拨散, 至熟捞起; 放入山药、荷兰豆、生梨, 一起炒熟取出。

3. 炒锅中留少许油放入葱姜汁, 加少许盐、白糖、料酒, 烧开投入全部主料翻炒均匀, 用淀粉勾芡即成。

● 草鱼烧豆腐

主料: 净草鱼肉、豆腐各 100 克, 豌豆苗 10 克, 竹笋 10 克。

调料: 植物油、盐、料酒、味精、葱末、姜末、鸡汤各适量。

制做:

1. 鱼肉去刺, 切小丁; 豆腐切小丁; 竹笋洗净, 切薄片; 豌豆苗洗净, 切段。

2. 炒锅放油, 旺火烧至八成热, 倒入鱼丁煎至黄色。

3. 往锅中倒入料酒, 葱末、姜末、盐煸炒。

4. 将鸡汤倒入锅中, 加竹笋、豆腐, 加盖, 转小火, 焖烧约 3 分钟左右。

5. 转大火将汁收浓, 将豌豆苗、味精放入锅中, 拌匀即成。

聪明宝宝营养指南

● 清蒸带鱼

主料：带鱼 250 克。

调料：葱丝、姜丝、酱油、料酒、白糖、盐、植物油各适量。

制做：

1. 将带鱼去头、尾，收拾干净，切成长 8 厘米的段；酱油、盐、料酒、白糖放入碗中搅匀，备用。

2. 将带鱼段整齐地码在盘中，放入葱丝、姜丝、油、酱汁，上屉大火蒸 20 分钟，取出即可。

● 红烧平鱼

主料：平鱼 1 条，莴笋适量，香菇 3 朵。

调料：蒜 2 瓣，姜片、葱段、葱花、酱油、盐、糖、醋、料酒各适量。

制做：

1. 平鱼去鳃和内脏，洗净，控水；香菇泡软，去蒂，对切成两半；笋洗净，切丁。

2. 油烧至五六成热，将平鱼放入略炸，捞出控油备用。

3. 锅底留余油爆香姜片、蒜和葱段，加入盐、酱油、料酒、糖、醋和适量水，用大火烧开，放入平鱼、香菇和笋丁，改用小火焖熟，出锅前撒上葱花即可。

1～3 岁聪明宝宝营养食谱

● 西红柿鳜鱼泥

主料：西红柿 200 克，鳜鱼 500 克。

调料：盐、葱花、姜末、白糖、植物油各适量。

制做：

1. 西红柿洗净，切块；鳜鱼洗净，去除内脏、骨刺，剁成鱼泥。

2. 锅置火上，放入适量植物油，烧热后下葱花、姜末爆香，再放入西红柿煸炒片刻。

3. 最后放入适量清水煮沸后，加入鳜鱼泥一起炖，加盐、白糖和少许葱花、姜末调味即可。

● 虾仁豆腐

主料：豆腐 200 克，小虾仁 50 克，鸡蛋 1 个。

调料：植物油、鸡汤、盐、白糖、鲜酱油、生粉、水各适量。

制做：

1. 虾仁抽去沙肠，洗净沥干水。鸡蛋打散，放入虾仁搅拌均匀。

2. 豆腐放入滚水中煮 3 分钟，捞起，切小粒。

3. 烧热锅，放入植物油，加入白糖、鲜酱油调味，倒入鸡汤大火煮沸，再放豆腐粒、虾仁煮熟，加盐调味，勾欠即可。

● 豌豆炒虾仁

主料：虾仁 200 克，豌豆 100 克。

调料：植物油、料酒、盐、白砂糖各适量。

制做：

1. 将虾仁去虾线，放入碗中加盐与料酒稍腌 5 分钟；将豌豆用开水煮约 2 分钟后捞出沥水备用。

2. 往锅中倒入少量植物油，将虾仁下入锅中，倒入少量料酒炒匀。

3. 等到虾仁炒变色后，下入豌豆翻炒约 2 分钟后，放入食盐、少量白砂糖炒匀后盛盘即可。

聪明宝宝营养指南

● 腰果虾仁

主料：虾仁 200 克，腰果 50 克。

调料：植物油、盐、香油、酱油、料酒、葱花各适量。

制做：

1. 虾仁洗净，去沙肠，沥干水分；腰果用温油炸熟备用。

2. 将虾仁、酱油、料酒、葱花混合拌匀，放置冰箱冷藏约 1 小时。取出后将虾仁中多余的汁水沥掉。

3. 锅中倒油烧至六成热，放入虾仁炒熟，再放入炸好的腰果，加盐、香油，拌匀后即可食用。

● 蟹棒小油菜

主料：蟹棒 200 克，油菜 100 克。

调料：盐、植物油、葱、姜、水淀粉各适量。

制做：

1. 蟹棒洗净，沥干水分，切块；葱、姜分别洗净，切成末；油菜洗净，切段，用沸水焯烫，捞出沥水。

2. 锅置火上，放适量植物油烧热后，下入葱末、姜末爆香，加蟹棒块煸炒。

3. 再放入油菜段炒至熟，加盐调味，用水淀粉勾芡即可。

● 清蒸基围虾

主料：基围虾 500 克。

调料：葱末、姜末、蒜末、盐、料酒、酱油、香油、香菜段各适量。

制做：

1. 基围虾剥出虾仁，去除沙线，洗净。

2. 虾仁用料酒、盐、葱末、姜末拌匀，腌 20 分钟入味。

3. 蒜末加酱油、香油制成调味汁备用。

4. 将基围虾仁放入大盘内，上蒸笼蒸 15 分钟，上桌前撒上香菜段，淋上调味汁即可。

● 海米油菜

主料：油菜 250 克，海米 30 克。

调料：盐、酱油、醋、葱花、姜末、香油各适量。

制做：

1. 先将油菜择洗干净，直刀切成 1.5 厘米长段，下开水锅焯熟。捞出控去水分，用盐调拌均匀，装入盘子里。

2. 将海米泡开，直刀切成小块，与油菜段拌在一起。最后将酱油、醋、香油、葱花、姜末调成汁，浇在菜里，调拌均匀即可。

● 墨鱼仔黄瓜

主料：黄瓜片 50 克，墨鱼仔 100 克。

调料：熟芝麻、酱油、白糖、盐、醋、豆豉酱、姜末、淀粉、料酒、香油、植物油各适量。

制做：

1. 墨鱼仔洗净；将酱油、白糖、醋、淀粉、料酒、豆豉酱、水对成调味汁。

2. 锅放植物油烧热，爆香姜末，将墨鱼仔放入锅中，加调味汁煮至汁液收干，加盐调味，淋上香油，撒上熟芝麻，放在黄瓜上。

● 姜汁黄瓜

主料：黄瓜 200 克。

调料：姜、香油、盐各适量。

制做：

1. 生姜拍破捣烂，加入少许清水浸泡（浸出姜汁）。

2. 黄瓜洗净，剖开去籽，切成片，加盐，滴香油，淋入姜汁，拌匀即可。

● 汆素丸子

主料：干香菇、胡萝卜末、豆腐、面粉各100克。

调料：盐、香油、葱、姜、紫菜、植物油各适量。

制做：

1. 将干香菇泡发，洗净，切碎；豆腐用沸水焯过后，压成泥；紫菜洗净，撕碎；葱、姜分别洗净，切末。

2. 将香菇碎、胡萝卜末、豆腐泥、盐、葱末、姜末、面粉、植物油调成陷再制成小丸子。

3. 锅加水煮沸，下丸子汆熟，加盐、碎紫菜，淋香油即可。

● 油菜炒香菇

主料：油菜400克，干香菇100克。

调料：植物油、盐、姜末、水淀粉、鸡汤各适量。

制做：

1. 油菜洗净；干香菇泡发，洗净，切片。

2. 锅中倒油烧热，下姜末爆香后，放入油菜和香菇片，大火炒2分钟，加鸡汤，转中火炖4分钟，待油菜、香菇烧熟，加盐调味；把炒好的油菜盛在盘中；锅内汤再煮沸，用水淀粉勾芡后淋在油菜、香菇上。

● 蜜胡萝卜

主料：净胡萝卜200克。

调料：蜂蜜25克，黄油15克，姜末2克。

制做：

1. 将胡萝卜去皮，切成小段。

2. 将胡萝卜片、蜂蜜、黄油、姜末及少许开水放入锅内搅拌均匀，盖下盖，文火煮30分钟至胡萝卜变软。煮的过程中偶尔搅拌一下，出锅即可。

● 香菇炒笋片

主料：竹笋 50 克，鲜香菇 100 克，红萝卜适量。

调料：植物油、盐、葱段、姜片、水淀粉各适量。

制做：

1. 鲜香菇、竹笋、红萝卜切片，放入滚水中汆烫，备用。

2. 热锅，加入适量植物油，放入葱段、姜片、红萝卜片炒香，再加入香菇、竹笋煸炒 2 分钟，再放入适量的水转小火烧 3 分钟，用水淀粉勾欠，加盐调味即可。

● 冬菇烧白菜

主料：白菜 200 克，冬菇 30 克。

调料：盐、植物油、葱、姜、高汤各适量。

制做：

1. 冬菇用温水泡发，去蒂，洗净；白菜洗净，切成段；葱、姜分别洗净，切成末。

2. 锅置火上，放适量植物油烧热后，下葱末、姜末爆香，再放入白菜段炒至半熟后，放入冬菇和高汤，转中火炖至软烂，加盐调味即可。

● 肉珠烩豌豆

主料：猪肉 100 克，豌豆 150 克，鸡蛋清 1 个。

调料：鸡汤、料酒、盐、味精适量。

制做：

1. 豌豆剥好洗净。

2. 肉洗净制成泥，加盐、味精、蛋清、料酒搅成肉馅。

3. 锅中放鸡汤烧热，肉馅放大眼漏勺中，另取一小勺用勺背压肉馅成肉珠入汤锅中煮沸，再下豌豆煮至熟，加盐、味精，用水淀粉勾芡即可。

聪明宝宝营养指南

甜酸丸子

主料：肥瘦肉末 50 克，面包屑 20 克，鸡蛋液适量。

调料：植物油、水淀粉、西红柿酱、盐、料酒、姜末适量。

制做：

1. 肉末放入盆内，加入蛋液、适量面包屑、料酒、盐、水淀粉和姜末拌匀，挤成小丸子；西红柿酱用水调成汁备用。

2. 锅倒油烧热，将小丸子放入炸成金黄色后捞出，调上西红柿酱汁即可。

豆腐碎木耳

主料：豆腐 200 克，水发黑木耳 25 克，水发香菇、火腿各适量。

调料：盐、香菜、植物油各适量。

制做：

1. 豆腐洗净，切小丁，沸水焯过，捞出沥干水分；黑木耳、香菇洗净，切丝；香菜洗净，切成段；火腿切成丁。

2. 锅置火上，放入适量植物油烧热，下入豆腐丁、火腿丁、香菇丝和黑木耳丝，用中火炒 5 分钟至熟，加盐调味，出锅前撒香菜段即可。

奶油菠菜

主料：菠菜 100 克，奶油 20 克，牛奶 50 克。

调料：盐适量。

制做：

1. 菠菜烫熟并沥干水分切碎备用。

2. 另锅融化奶油，把煮好的菠菜加入，加牛奶、盐，经常搅拌并加热至汤热透，最后再中火加热 3 分钟即可。

1～3 岁聪明宝宝营养食谱

烩蔬菜五宝

主料：荸荠200克，胡萝卜、水发黑木耳、土豆、蘑菇各100克。

调料：植物油、盐各适量。

制做：

1. 将胡萝卜、土豆、荸荠，分别削皮，洗净，切片；蘑菇洗净、切片；黑水耳洗净，切片。

2. 锅置火上，加适量植物油烧热，放入胡萝卜片翻炒，再放入蘑菇片、土豆片、荸荠片和黑木耳片，加少许清水。中火炒5分钟至熟后，加盐调味即可。

鸡丝卷

主料：鸡蛋3个，瘦猪肉500克，淀粉、面粉各适量。

调料：盐、料酒、味精、花椒粉、香油、葱末、姜末各适量。

制做：

1. 瘦猪肉剁成泥，加淀粉、盐、香油、料酒、味精、葱末、姜末、花椒粉、少量清水，搅拌均匀。

2. 将鸡蛋打入碗中，加入适量淀粉、面粉搅拌均匀。

3. 将平锅置于火上，用油抹一下，倒入鸡蛋液，中火摊成薄皮，卷上肉馅。

4. 蒸锅置于火上，将蛋卷上屉蒸熟，凉后切成片即成。

芝麻酥饼

主料：面粉200克，莲蓉馅50克，芝麻适量。

调料：熟猪油、植物油、红糖各适量。

制做：

1. 将面粉、水、熟猪油拌匀，制成面团，再做成等量大的5个小剂子，擀成面皮；将少量面粉加油、红糖拌成油酥料。

2. 取油酥料包入面皮，用擀面杖压长，卷起再折成团，取莲蓉馅50克包入酥皮，封口后擀成饼，粘上芝麻。

3. 将小饼放入预热好的烤箱，用190℃的温度，烤20分钟即可。

聪明宝宝营养指南

● 荷叶烙饼

主料：面粉 500 克，植物油 50 克，开水适量。

制做：

1. 将面粉用开水烫至六成熟，再用凉水揉匀，揉好的面分成 20 个小团。

2. 擀成 2 厘米厚的薄饼，将 10 个饼逐个刷上油，另 10 个饼盖在上面。

3. 擀成薄饼，放入抹油的平锅中烙熟，烙熟后将饼分成两张即成。

● 葱油饼

主料：面粉 500 克。

调料：葱花、盐、油、花椒粉各适量。

制做：

1. 将面粉、水拌和均匀，揉成面团，搓成长条；放入生坯，擀成圆片，刷上油。

2. 将葱花、盐、油、花椒粉拌和，均匀地撒在圆片上，卷好擀圆，上平底锅烙至金黄色出锅。

● 土豆泥饼

主料：土豆 100 克，面粉 200 克，鸡蛋 2 个。

调料：植物油、盐各适量。

制做：

1. 把土豆洗净、蒸熟、去皮、捣成泥状，加入鸡蛋、盐、面粉和在一起，做成 10 个圆形的等分饼坯。

2. 锅中加油烧热，把土豆饼坯逐个放到油锅里炸 1 分钟捞出。

3. 将油锅继续加热，至七成热时，再将土豆饼坯放进去，再炸半分钟成金黄色即可。

麻酱卷

主料：芝麻酱100克，面粉500克。

调料：盐、植物油、酵母粉各适量。

制做：

1. 酵母粉用温水化开，加入面粉和适量温水和成面团，饧20分钟；芝麻酱加盐、植物油、适量水，调和均匀。

2. 将饧好的面团擀成大片，在上面均匀地刷上调好的芝麻酱，再卷成长条，切成等量的6个小剂子。

3. 小剂子两边不封口，拧成花卷样，上蒸锅用大火蒸15分钟即可。

黄鱼小馅饼

主料：净黄鱼肉50克，鸡蛋1个，牛奶50克，葱头25克。

调料：植物油、淀粉各适量，精盐少许。

制做：

1. 将黄鱼肉洗净，剁成泥；葱头去皮，洗净切末。

2. 将鱼泥放入碗内，加入葱头末、牛奶、精盐、淀粉、蛋清，搅成稠糊状有黏性的鱼肉馅，待用。

3. 将平锅置火上，放入油，把鱼肉馅制成8个小圆饼入锅内，煎至两面呈金黄色，即可食用。

4. 注意鱼饼中要加些谷物（小米面、玉米面），否则煎时易碎。

营养经

黄鱼含有丰富的蛋白质、微量元素和维生素，对人体有很好的补益作用，对体质虚弱儿童来说，食用黄鱼会收到很好的食疗效果。黄鱼含有丰富的微量元素硒，能清除人体代谢产生的自由基，能延缓衰老，并对各种癌症有防治功效。

鸡蛋面饼

主料： 面粉1杯，鸡蛋1个。

调料： 油、葱花适量，盐适量，水适量。

制做：

1. 面粉中打1个鸡蛋，根据口味放入适量盐拌匀。

2. 慢慢加入适量水，使面糊成为流动的糊状。

3. 再将葱花拌入备用。

4. 平底锅中倒入少许油，抹匀，倒入适量面糊摊成薄饼，两面煎黄后即可。

鱼蛋饼

主料： 鸡蛋1个，鱼肉200克。

调料： 植物油、盐、西红柿酱、葱末各适量。

制做：

1. 鱼肉剔骨、去皮，煮熟，放入碗内研碎。

2. 将鸡蛋磕入碗内，加入鱼泥、葱末、盐，调拌均匀成馅，再将鱼肉馅制成5个小圆饼。

3. 锅内放油烧至四成热，将鱼肉小圆饼放入油锅内煎炸，煎好后把西红柿酱浇在上面即成。

玉米面馒头

主料： 玉米面500克，面粉适量。

调料： 水、碱、酵母粉各适量。

制做：

1. 玉米面加面粉、酵母粉、水和匀，揉成团，放温暖处发酵。

2. 发酵好了放入碱水揉好切成小块。

3. 揉成小馒头饧20分钟后，放蒸锅上大火再蒸20分钟就可以了。

● 开花馒头

主料：面粉 400 克。

辅料：菠菜汁、胡萝卜泥适量。

调料：白糖、碱面适量。

制做：

1. 将发好的面团取出，加入白糖、碱面（500 克面加 25 克碱面）揉制均匀，将揉好的面分成三块，取两块分别加入菠菜汁、胡萝卜泥揉成绿色和红色的面团。

2. 将三块面团揉制成长条，叠起后揉成一条面，揪成剂子，待蒸锅上汽后放入大火蒸 20 分钟即可。

● 虾肉小笼包

主料：虾仁 250 克，猪五花肉、猪肉皮冻、包子皮各适量。

调料：香油、葱末、盐、芝麻、酱油、姜末各适量。

制做：

1. 五花肉洗净，剁成泥；肉皮冻切成细粒；虾仁洗净，切成细粒与五花肉泥混合，加入酱油、盐、姜末、香油、葱末、芝麻以及皮冻粒，拌匀成馅。

2. 包子皮内包入馅料，做成小包子摆在笼屉里，上锅蒸熟即可。

● 枣泥包

主料：红枣 200 克，面粉 500 克。

调料：白糖、酵母、碱面各适量。

制做：

1. 红枣洗净煮熟，去核、皮，加白糖、面粉做成枣泥馅。

2. 面粉内加酵母粉、温水和成面团发酵，再加碱面水揉匀，饧 20 分钟待用；将面团搓成长条，切成小剂子压成面片，包入枣泥馅料。

3. 将包好的枣泥包放入沸水蒸锅内，大火蒸 10 分钟即可。

聪明宝宝营养指南

韭菜猪肉包

主料：猪肉 200 克，韭菜 100 克，包了皮适量。

调料：植物油、生抽、黑胡椒、醋、盐、花椒、葱各适量。

制做：

1. 猪肉切小块，加生抽，黑胡椒粉，少许醋、盐，以及炝的花椒葱油拌匀，提前腌制 2 小时。

2. 韭菜洗净控水，切碎。与腌好的肉拌匀。开始包的时候加适量的盐拌匀。

3. 包好后要发酵 20 分钟；凉水上锅，中火，开锅后 20 分钟。关火焖 3 分钟即可。

花生糖三角

主料：面粉 200 克，红糖 50 克，花生仁 20 克。

调料：桂花、碱面、酵母粉各适量。

制做：

1. 面粉加水、酵母粉和匀，发酵好后掺入碱面，揉匀揪小面剂。

2. 花生仁洗净，晾干，切碎；红糖加上少量面粉拌匀，再加入花生碎、桂花，制成糖馅。

3. 把面剂擀成圆形，包入糖馅，然后用手收拢封口，捏成三角形，摆入蒸笼内，用大火蒸 15 分钟即可。

山药三明治

主料：新鲜吐司面包 2 片，山药 100 克，小黄瓜适量。

调料：奶酪适量。

制做：

1. 吐司面包去皮，对角切成三角形。

2. 山药洗净，蒸熟，去皮，切成片；小黄瓜洗净，切片。

3. 将小黄瓜、山药片、奶酪夹入吐司面包中即可。

山药凉糕

主料：山药200克，青梅、樱桃、琼脂各适量。

调料：白糖适量。

制做：

1.青梅、樱桃分别洗净，去核，切丁；山药洗净蒸熟，去皮研成泥；锅中加水煮沸，下入琼脂和白糖熬化，用纱布过滤后，再倒回锅内。

2.锅中放入山药细泥，熬开拌匀，倒入碗中，冷却后入冰箱镇凉。吃时切成菱角块，上撒青梅、樱桃丁即成。

扁豆枣肉糕

主料：白扁豆100克，红枣200克，糯米粉500克。

调料：白糖250克。

制做：

1.将白扁豆洗净，加水用搅拌机搅成糊状。

2.红枣洗净，煮熟，去皮，去核，研成枣泥。

3.将白扁豆糊与糯米粉、白糖、枣泥加水和匀，放入沸水蒸锅中，大火蒸10分钟即可。

鱼肉蒸糕

主料：鱼肉200克，洋葱50克，鸡蛋1个。

调料：盐适量。

制做：

1.将鱼肉切成适当大小，加洋葱、蛋清、盐放入搅拌器搅拌好。

2.把拌好的材料捏成任意有趣的形状，放在锅里蒸10分钟即可。

聪明宝宝营养指南

● 三鲜面

主料：面条 200 克，虾仁、白菜、香菇各适量。

调料：高汤、盐、葱、香油、植物油各适量。

制做：

1. 虾仁、白菜、香菇分别洗净，切碎；葱洗净，切末。

2. 锅置火上，放入适量植物油烧热，爆香葱末，再下香菇、白菜、虾仁碎炒香后，倒入高汤煮沸，下入面条，中火煮 5 分钟至熟，加盐，出锅前淋香油即可。

● 圆白菜煨面

主料：圆白菜 100 克，火腿 50 克，面条 200 克。

调料：盐、葱、姜、植物油各适量。

制做：

1. 圆白菜洗净，切丝；葱、姜分别洗净，切末；火腿切小块。

2. 锅置火上，放入适量清水，下入面条煮熟后，捞出沥干水分。

3. 另取一锅置火上，放油烧热，爆香葱末、姜末，放入圆白菜丝煸炒，加入适量水，放火腿块、盐、煮好的面条稍煮即可。

● 奶香土豆卷

主料：土豆 400 克，香蕉 30 克。

调料：炼乳、盐、玉米淀粉适量。

制做：

1. 土豆去皮蒸熟打成泥放入容器中。

2. 土豆泥加炼乳拌均，裹入香蕉条粘玉米淀粉炸至金黄出锅即可。

制做关键：炸时炸两遍先温油炸透，后热油炸香。

● 绿豆芽拌面

主料 面条、绿豆芽各100克，黄瓜适量。

调料： 葱、香油、盐各适量。

制做：

1. 将黄瓜和葱分别洗净，切丝；绿豆芽洗净后，用沸水焯熟，沥干水分。

2. 锅置火上，加入适量清水，大火煮沸后，下入面条转中火煮5分钟至熟后，捞出沥水。

3. 面条加入香油、盐、绿豆芽、黄瓜丝和葱丝，拌匀即可。

● 鸡蛋虾仁水饺

主料 鸡蛋、虾仁各200克，饺子皮适量。

调料： 盐、葱末、植物油、香油各适量。

制做：

1. 鸡蛋打散，搅拌均匀，下油锅炒成鸡蛋碎；虾仁洗净，切碎。

2. 将虾仁、葱末、鸡蛋碎、盐、植物油、香油拌匀，制成馅料待用；取饺子皮，包入馅料，做成饺子生坯。

3. 锅加水，煮沸后下入饺子，再次煮沸后加凉水，重复3次，最后一次煮沸时，捞出即可。

● 猪肉茴香水饺

主料 茴香150克，猪肉、饺子皮各适量。

调料： 香油、葱末、姜末、盐、酱油各适量。

制做：

1. 把猪肉洗净剁成泥，加入盐、葱末、姜末、酱油和香油；茴香洗净，沥去水，剁碎与肉泥调匀。

2. 取饺子皮，包好馅，做成饺子生坯。

3. 锅置火上，加适量清水，煮沸后下入饺子，用中火煮沸加少许凉水，重复3次，再次煮沸时，捞出即可。

● 南瓜拌饭

主料：南瓜 50 克，大米 200 克，白菜叶适量。

调料：食盐、植物油和高汤各适量。

制做：

1. 南瓜去皮后，取 1 小片切成碎粒。

2. 大米洗净，加汤泡后，放在电饭煲内，待水沸后，加入南瓜粒、白菜叶煮至米、瓜糜烂，略加油、盐调味即成。

● 花色炒饭

主料：冷米饭 200 克，紫甘蓝、红萝卜各 50 克，香肠 30 克。

调料：油、盐、葱适量。

制做：

1. 红萝卜切细丝，甘蓝切细丝，香肠切成小丁，葱切碎。

2. 起油锅，油热至 5 成，放入萝卜丝与甘蓝丝，加盐翻炒，再加入香肠丁，待萝卜丝变软，即可加入冷米饭快速翻炒，注意火候要大，最后撒上葱花即可装盘。

● 鸡腿菇虾仁蒸饭

主料：虾仁 50 克，火腿、鸡腿菇各 20 克，米饭 200 克，叉烧肉 100 克，胡萝卜半根，皮蛋 1 个。

调料：葱末、白糖、香油、盐、植物油各适量。

制做：

1. 将胡萝卜、鸡腿菇分别洗净切成丁，叉烧肉、火腿切成小块，皮蛋稍蒸，去壳切小粒，虾仁去泥线，洗净备用。

2. 油锅烧热，爆香葱末，入虾仁略炒，再放入鸡腿菇丁、胡萝卜丁翻炒至八成熟，

出锅放入装有米饭的盘中。

3. 加入叉烧肉块、皮蛋粒、火腿块、白糖、盐拌匀，上蒸锅大火蒸 5 分钟，出锅淋入香油即可。

● 荤素四味饭

主料：米饭 200 克，黄瓜片、土豆丁、水发香菇、猪肉各适量。

调料：植物油、葱末、料酒，盐、淀粉、高汤各适量。

制做：

1. 猪肉洗净、切丁，加盐、淀粉裹匀；香菇去蒂，洗净，切碎。

2. 锅置火上，放入少许油烧热，放入猪肉丁煸炒，加料酒、高汤，用中小火焖烧至肉丁熟烂。

3. 锅内加入土豆丁、香菇碎，小火烧煮10 分钟至土豆熟烂，加入葱末、黄瓜片、米饭用中火翻炒 2 分钟，加盐调味即可。

● 核桃粥

主料：核桃仁 100 克，大米 200 克。

调料：黑芝麻、白糖各适量。

制做：

1. 核桃仁放入锅中，小火翻炒后，研成末；黑芝麻炒熟备用。

2. 将大米用水淘洗干净，浸泡后放入锅中，加适量水，大火煮沸后改成小火煮 20 分钟左右，成粥。

3. 将核桃仁、黑芝麻加入大米粥，用中火煮 3 分钟，再加白糖拌匀即可。

● 五彩饭团

主料：米饭 200 克，鸡蛋 1 个，火腿、胡萝卜、海苔各适量。

制做：

1. 米饭分成 8 份，搓成圆形。

2. 鸡蛋煮熟，取蛋黄切成末；火腿、海苔切末；胡萝卜洗净，去皮，切丝后焯熟，捞出后切细末。

3. 在饭团外面分别粘上蛋黄末、火腿末、胡萝卜末、海苔末即可。

聪明宝宝营养指南

豆腐丝瓜粥

主料：豆腐丁 100 克，丝瓜 50 克，大米 200 克，火腿丁适量。

调料：盐、葱末、植物油各适量。

制做：

1. 大米淘洗干净，用水浸泡 1 小时；丝瓜去皮，洗净，切碎。

2. 锅内加大米和适量水。大火煮沸，再转小火将粥熬至黏稠。

3. 油锅烧热，加入豆腐丁、火腿丁、葱末煸炒，再放入切碎的丝瓜，炒熟，加盐调味。

4. 将炒好的食材放入熬好的粥中，搅拌均匀即可。

荔枝桂圆粥

主料：大米 100 克，荔枝、桂圆肉各 50 克。

调料：白糖适量。

制做：

1. 将大米淘洗干净；荔枝与桂圆肉也都洗干净。

2. 砂锅置火上，放入适量清水，烧开下大米，然后放入荔枝、桂圆，煮开后，改用小火。

3. 当大米快烂时，加入适量白糖，继续煮至粥稠时即可。

海带绿豆粥

主料：白米 100 克，绿豆、水发海带丝各 50 克。

调料：盐适量，芹菜末少许。

制做：

1. 白米洗净沥干，绿豆洗净泡水 2 小时。

2. 锅中加水煮开，放入白米、绿豆、海带丝略搅拌，待再煮滚时改中小火熬煮 40 分钟，加入盐拌匀，撒上芹菜末即可食用。

● 蔬菜鱼肉粥

主料：鱼肉100克，米饭200克，胡萝卜、水发海带各适量。

调料：酱油适量。

制做：

1. 将鱼骨剔净，鱼肉炖熟并捣碎。将胡萝卜用擦菜板擦好。

2. 将米饭、海带及鱼肉、蔬菜等倒入锅内同煮。煮至黏稠时放入酱油调味。

● 牛肉蔬菜粥

主料：牛肉20克，香菇1个，大白菜叶半张，白米饭半碗。

调料：酱油，香油，胡萝卜，盐备用。

制做：

1. 先把香菇切成细丝，白菜和胡萝卜也切成丝备用。

2. 锅中放少许香油，稍加热，放入香菇丝、胡萝卜丝略微炒一下，再放入牛肉和白菜丝、白米饭，加水煮到菜都变软既成。

● 肉松麦片粥

主料：麦片50克，杏仁、核桃、腰果、花生各4颗。

调料：糖。

制做：

1. 将杏仁、核桃、腰果、花生洗净后放入烤箱内烤熟。

2. 用粉碎机将烤熟的果仁打成碎末。

3. 麦片加水煮熟，加入打碎的果仁和少量糖拌匀即可。

聪明宝宝营养指南

猪肝花生粥

主料：大米 200 克，鲜猪肝 100 克，花生仁 50 克，胡萝卜、西红柿、菠菜各适量。

调料：盐、香油、鸡汤各适量。

制做：

1. 鲜猪肝、胡萝卜、西红柿分别洗净，切碎。菠菜焯烫后，切碎。

2. 将大米、花生仁淘洗干净，放入电饭锅中煮成粥。

3. 将猪肝末、胡萝卜末放入锅内，加鸡汤煮熟后，和西红柿碎、菠菜碎一起放入煮好的花生粥内。煮至粥稠，加盐、香油调味即可。

蔬菜鸡肉羹

主料：鸡肉 200 克，南瓜 30 克，土豆、洋葱、柿子椒适量。

调料：奶油调味汁、盐、植物油各适量。

制做：

1. 将鸡肉、南瓜和土豆切成小块，洋葱、柿子椒切碎。

2. 将切好的南瓜、土豆加清汤煮熟。

3. 用锅炒制鸡肉、洋葱和柿子椒。

4. 将煮熟的南瓜、土豆放入锅中继续炒，倒入奶油调味汁煮 5 分钟，加盐调味即可。

南瓜玉米羹

主料：南瓜 50 克，玉米面 200 克。

调料：白糖、盐、植物油、清汤各适量。

制做：

1. 将南瓜去皮，洗净，切成小块。

2. 锅置火上，放适量的油烧热，放入南瓜块略炒后，再加入清汤，炖 10 分钟左右至熟。

3. 将玉米面用水调好，倒入锅内，与南瓜汤混合，边搅拌边用小火煮，3 分钟后，搅拌至黏稠后，加盐和白糖调味即可。

● 桂花栗子羹

主料：栗子肉 100 克，青梅适量。

调料：藕粉、白糖、玫瑰花瓣、糖桂花各适量。

制做：

1.青梅、栗子肉分别洗净，切成薄片；玫瑰花瓣洗净，撕成碎片；藕粉放入碗内，加入热水，调匀备用。

2.锅中放水煮沸，加栗子片、白糖，转小火煮至栗子肉熟。

3.将藕粉汁边搅边均匀地倒入煮栗子的锅内，等其呈透明的羹状时，盛入碗内，撒上青梅片、糖桂花和玫瑰花即可。

营养经

栗子含有极高的糖、脂肪、蛋白质，还含有钙、磷、铁、钾等矿物质，以及维生素 C、B1、B2 等，有强身健体的作用。

● 丝瓜蘑菇汤

主料：丝瓜 250 克，香菇 100 克。

调料：葱、姜、味精、盐各适量，植物油少许。

制做：

1.将丝瓜洗净，去皮棱，切开，去瓤，再切成段；香菇用凉水发后，洗净。

2.起油锅，将香菇略炒，加清水适量煮沸 3 ~ 5 分钟，入丝瓜稍煮，加葱、姜、盐、味精调味即成。

● 核桃花生牛奶羹

主料：核桃仁、花生仁、牛奶各 50 克。

调料：白糖适量。

制做：

1.将核桃仁、花生仁炒熟，研碎。

2.锅置火上，倒入牛奶大火煮沸后，下核桃碎、花生碎，稍煮 1 分钟，再放白糖，待白糖溶化即可。

● 草菇蛋花汤

主料：草菇 100 克，鸡蛋 2 个，鸡脯肉适量。

调料：鲜奶、盐、水淀粉、料酒、植物油、葱末各适量。

制做：

1. 鸡脯肉洗净，切丝，用料酒、盐拌匀。草菇洗净，切片；鸡蛋放入碗中打散。

2. 油锅烧热，爆香葱末，倒入鸡丝、草菇片炒 3 分钟至熟。

3. 倒入鲜奶和适量清水。加盖焖煮 5 分钟，再加入蛋液略煮片刻，用水淀粉勾芡，加盐调味即可。

● 五色紫菜汤

主料：紫菜 5 克，竹笋 10 克，豆腐 50 克，菠菜、水发冬菇 25 克。

调料：酱油、姜末、香油各适量。

制做：

1. 将紫菜洗净，撕碎；豆腐焯水，切块；冬菇、竹笋均洗净、切细丝；菠菜洗净，切小段。

2. 锅放入适量清水煮沸，下竹笋丝略焯，捞出沥水备用。

3. 另取一锅加水煮沸，下冬菇、竹笋、豆腐、紫菜、菠菜，放酱油、姜末，待汤煮沸时，淋少许香油即可。

● 丝瓜火腿片汤

主料：鲜虾 100 克，火腿 50 克，丝瓜 200 克。

调料：植物油、料酒、姜丝、葱末、盐各适量。

制做：

1. 虾去除沙线，洗净，加入料酒、盐拌匀，腌渍 10 分钟；丝瓜去皮，洗净，切片；火腿切片。

2. 锅中倒油烧热后，下姜丝、葱末爆香，

再倒入虾翻炒片刻，加适量清水转中火煮汤。

3. 待汤沸时放入丝瓜片和火腿片，转小火再煮至丝瓜熟后，加盐调味即可。

● 虾仁丸子汤

主料： 猪肉泥 200 克，虾仁 25 克，鸡蛋 1 个，香菇片、胡萝卜片、竹笋片、豌豆各适量。

调料： 盐、白糖、香油、料酒、淀粉、胡椒粉、鸡汤各适量。

制做：

1. 虾仁洗净剁成泥，和猪肉泥一起加鸡蛋、淀粉、盐、料酒、白糖搅匀，挤成小丸子；胡萝卜片、竹笋片、豌豆分别焯烫备用。

2. 锅中加鸡汤，煮沸后放丸子，将熟时放入胡萝卜、笋片、香菇片、豌豆，大火煮 1 分钟，加盐、胡椒粉调味，淋香油。

● 莲藕薏米排骨汤

主料： 排骨 300 克，莲藕 100 克，薏米 20 克。

调料： 盐适量。

制做：

1. 莲藕洗净，切厚片；薏米洗净，排骨余水。

2. 水开后将材料全部放入，再改慢火煮 2 小时，最后放盐调味，即可。

营养经

莲藕中含有黏液蛋白和膳食纤维，能与人体内胆酸盐、食物中的胆固醇及三酰甘油结合，使其从粪便中排出，从而减少脂类的吸收。莲藕富含铁、钙等元素，植物蛋白质、维生素以及淀粉含量也很丰富，有明显的补益气血、增强人体免疫力的作用。故中医称其"主补中，养神，益气力"。

聪明宝宝营养指南

第三章 4~6岁聪明宝宝

4~6岁聪明宝宝喂养指南

4~6岁宝宝的饮食已经和大人很接近了，需要从蔬菜、水果、肉及蛋奶中获取各种不同的营养，以供给成长所需的不同营养素。只是父母要严格限制宝宝对高能量、高脂肪和高胆固醇食物的摄入量，避免宝宝因营养过剩而导致肥胖。

＊4~6岁宝宝的生理心理特点

生理特点

这个年龄段的宝宝属于学龄前期，与婴儿期和幼儿期相比，此时的宝宝生长发育速度略有下降，但仍处于较高水平，对营养的需要量相对较高。所以妈妈们仍然不能放松对宝宝的喂养。

4~6岁儿童容易缺乏的营养素包括：维生素A、维生素D、维生素B1、维生素B2、矿物质钙和铁。缺乏以上营养素，会导致视力、骨骼的发育异常及缺铁性贫血。

心理特点

学龄前儿童的生活能力、好奇心增强，因而对食物的选择有一定的自主性，对家长的饮食安排会有选择性地接受，容易导致偏食、挑食；吃饭时不专心、时间延长，导致进食量减少，容易引起消化吸收紊乱、营养不良等问题；儿童的模仿能力强，喜欢模仿大人吃饭，因此家长们也要注意自己的言行举止，帮助孩子们养成好的饮食习惯。

＊4~6岁儿童的喂养原则

食物多样性

人们每天都要吃进很多种食物，各种食物所含的营养素的数量、种类都是不尽相同的，学龄前儿童正处于生长发育、新陈代谢都很旺盛的阶段，只有保证其充足而全面的营养才能健康成长。所以，家长们千万不要只给孩子们吃"好、精、贵"的东西，要知道萝卜、白菜各有所长，要鼓励他们吃各种有营养的食物，为将来打好基础。

多吃新鲜蔬菜和水果

蔬菜、水果不能互相代替，虽然它们有相似的营养成分，但它们各自又有不能取代的特点。蔬菜品种较为丰富，多数蔬菜的维生素、矿物质、膳食纤维的含量要高于水果；水果可以补充蔬菜摄入的不足，水果中的糖类、有机酸的含量高，水果食用前不需要加热，其营养成分保留的较为完好。随着储存时间的延长，蔬菜、水果中的一些营养成分如维生素C会流失，所以一定要购买新鲜的，并且现买现吃。要让孩子们吃水果，不能用果汁替代，因为在果汁的压制过程中一些维生素、膳食纤维都被破坏掉了。

经常吃适量的鱼、禽、蛋、瘦肉

鱼、禽、蛋、瘦肉是优质蛋白质、脂溶性维生素、矿物质的良好来源。动物蛋白质所含有的氨基酸种类、结构与人体相似，有利于人体的吸收、利用，对正处于生长发育期的儿童而言，是每日所不可缺少的食物。其中鱼、禽类不饱和脂肪酸含量较高，有利于儿童神经系统和视力的发育，每日 30～50 克为佳，最好经常变换种类。鸡蛋可以每天吃一个，以补充优质蛋白质、卵磷脂，促进身体和大脑的发育。畜肉每日 30～40 克，猪、牛、羊肉类可交替食用，人体对畜肉中铁的吸收、利用良好，可以纠正由于铁的摄入不足而引起的贫血。

保证奶及豆制品的摄入

随着宝宝的成长，奶已经不是每日的主要食物了，但由于儿童的骨骼还没有发育成熟，并且正处于生长阶段，每日对钙的需要量很大，约为 800 毫克／天，因此奶作为钙的优良食物来源还是要列入宝宝的每日食谱当中的。每日饮用 300～600 毫升牛奶，可以保证学龄前儿童对钙的摄入量达到适宜水平。大豆中含有丰富的优质蛋白、不饱和脂肪酸、B 族维生素，为提高儿童的蛋白质摄入量，避免由于过多摄入肉类带来的不利影响，建议学龄前儿童每日吃 25 克大豆或豆制品。

烹调要清谈、少油盐，少喝高糖饮料

学龄前儿童的消化系统较为敏感，为了避免干扰孩子对食物自然味道的判断，养成不挑食、不偏食的饮食习惯，家长在烹调加工食物时应清淡、少盐、少油脂，不使用刺激性调味品，以保持食物的原汁原味。学龄前儿童每日饮水量应保持在 1000～1200 毫升，以白开水为主，少喝高糖饮料。过多地饮用高糖饮料会影响孩子的食欲，引起肥胖，发生龋齿，不利于儿童的健康。

进食量与体力活动要平衡，保证正常体重增长

进食量与体力活动是控制儿童体重的两个重要因素，只有二者平衡，孩子才能保持健康体重，合理发育。

健康营养菜品

● 凉拌豇豆

主料：豇豆250克，青、红椒丝。

调料：蒜末、白糖、食醋、香油、酱油、盐、味精适量。

制做：

1.将豇豆去根洗净，切成寸段。将蒜头去皮洗净，剁成蒜末备用。

2.坐锅点火，加入适量清水烧沸。倒入豇豆，盖锅煮5～8分钟，用漏勺捞出沥干。

3.将豇豆倒入盘中，加上青、红椒丝和蒜末，再加入酱油、食醋、白糖、精盐、味精、香油适量，拌匀即可食用。

● 凉拌空心菜

主料：空心菜300克，培根2片。

调料：大蒜（白皮）、香油、白砂糖、盐各适量。

制做：

1.空心菜洗净，切成段；蒜洗净，切成末。

2.水烧开，放入空心菜，滚三滚后捞出沥干。

3.蒜末、白砂糖、盐与少量水调匀后，再浇入热香油；味汁和空心菜、培根拌匀即可。

姜汁松花蛋

主料：松花蛋2个。

调料：姜末、醋、盐各适量。

制做：

1. 松花蛋去壳，切成瓣，整齐地码到盘子里。

2. 姜末用醋和盐拌匀，浇在松花蛋上即可。

胡萝卜拌莴笋

主料：胡萝卜200克，莴笋100克。

调料：盐、香油各适量。

制做：

1. 胡萝卜去皮，洗净，切片；莴笋洗净，切片。

2. 锅置火上，放入适量水煮沸后，下入胡萝卜片和莴笋片焯熟，捞出沥干水分。

3. 将胡萝卜片和莴笋片放入碗内加盐、香油拌匀即可。

五香豆腐丝

主料：豆腐干500克。

调料：香油、酱油、盐、葱片、姜片、大料、花椒、五香粉各适量。

制做：

1. 豆腐干洗净，每三块叠在一起，用线捆紧；将大料、花椒、五香粉装入一个布口袋中，缝紧口，做成调料袋。

2. 入锅中放水、酱油、盐、葱片、姜片和调料袋，煮沸成卤汤。

3. 豆腐干放入卤汤中，煮至汤汁稠时，让汁液均匀地渗透到豆腐干内部，捞出豆腐干，晾凉，切丝，淋香油即可。

聪明宝宝营养指南

● 怪味菠菜沙拉

主料：菠菜 200 克。

调料：花椒、芝麻酱、盐、醋、酱油、香油各适量。

制做：

1.菠菜洗净，用沸水焯过后，捞出，沥水，切段；芝麻酱加酱油、醋、适量温开水调匀。

2.锅置火上，烧热后放入花椒炒熟，捞出研成碎末。

3.在菠菜里放芝麻酱、花椒末、盐，再淋上香油搅拌均匀即可。

● 红焖肉

主料：猪五花肉 250 克。

调料：冰糖、酱油、大料、盐、料酒、植物油、葱各适量。

制做：

1.葱洗净，切小段；猪肉洗净，切成小方块。

2.锅置火上，放适量植物油烧热后，下冰糖炒成糖色，放入肉块、葱段、大料翻炒几下，加入适量清水、酱油和料酒，用小火焖 50 分钟。

3.转中火焖 3 分钟至汤汁黏稠，加盐调味即可。

● 蒜泥蚕豆

主料：鲜蚕豆 250 克。

调料：蒜、酱油、盐、醋各适量。

制做：

1.蒜去皮，捣成泥，放入酱油、盐、醋，搅拌成蒜泥调味汁。

2.将蚕豆洗净，去壳，放入凉水锅内，大火煮沸后改用中火煮 15 分钟至酥而不碎，捞出沥水。

3.将蚕豆放入盘内，浇上蒜泥调味汁，搅拌均匀即可。

4～6 岁聪明宝宝一直食谱

● 腐竹烧肉

主料：瘦猪肉 750 克，腐竹 300 克。

调料：酱油、精盐、料酒、葱、姜、大料、水淀粉、植物油各适量。

制做：

1. 将肉切成 2 厘米见方 1 厘米厚的块，放入盆内加少许酱油腌 2 分钟，投入九成热的油内炸成金黄色捞出；葱切小段；姜切片；腐竹放入盆内，加入凉水泡 5 小时使之发透，切成 1.5 厘米长的小段待用。

2. 将肉放入锅内，加入水（以漫过肉为度）、酱油、精盐、料酒、大料、葱段、姜片，待开锅后，转微火焖至八成烂时，加入腐竹同烧入味，勾芡即成。

● 肉片面筋菠菜

主料：瘦猪肉 50 克，油面筋 50 克，菠菜 100 克。

调料：植物油、酱油、精盐、白糖、料酒、水淀粉、葱、姜末各适量。

制做：

1. 将瘦猪肉切成小薄肉片，用水淀粉、精盐 25 克上浆，用旺火、温油将肉片滑散捞出沥油；菠菜择洗干净，切成小段，面筋切小块待用。

2. 将油放入锅中，然后下入葱姜末炝锅，投入滑好的肉片、酱油、料酒、精盐、白糖，翻炒均匀，放入菠菜、面筋，煸炒断生即成。

聪明宝宝营养指南

炒三色肉丁

主料：猪肉丁200克，青椒丁、胡萝卜丁各50克，鸡蛋1个(蛋清)。

调料：盐、料酒、干淀粉、水淀粉、葱姜末、香油、植物油各适量。

制做：

1. 猪肉丁加蛋清、盐、干淀粉上浆，下油锅滑散；胡萝卜丁焯烫沥水。

2. 油锅烧热，爆香葱姜末，放入三丁翻炒片刻，加料酒和少许水翻炒，加盐调味，用水淀粉勾芡，淋香油即可。

肉炒三丁

主料：土豆350克，胡萝卜350克，净白菜帮400克，瘦猪肉250克。

调料：酱油、碘盐、料酒、水淀粉、葱、姜末、高汤、植物油各适量。

制做：

1. 将土豆去皮，与胡萝卜、白菜帮均切成1.5厘米见方的丁，分开待用。

2. 锅中加油烧至8成热，将土豆与胡萝卜炸熟备用。

3. 瘦猪肉切成1.5厘米见方的丁，放入盆内，加入水淀粉25克、精盐5克拌匀上浆，用热锅温油滑散，捞出沥油备用。

4. 将锅内放入少许油，用葱姜末炝锅，放入白菜丁、肉丁煸炒几下，加入酱油、盐、高汤，投入土豆丁和胡萝卜丁，开锅后加入味精、料酒，勾芡，出锅即可。

糖醋排骨

主料：猪排骨 300 克。

调料：香油、白糖、醋、料酒、红糖、精盐、花生油、葱末、姜末各适量。

制做：

1.将排骨洗净，剁成 8 厘米长的骨牌块，放入盆内，加入适量盐水淹渍 4 小时左右后捞出，沥干水分。注意盐水以刚没过排骨为佳。

2.炒锅置火上，放入花生油，烧至六成热时，下排骨浸炸片刻捞出，控净油。

3.炒锅再置火上，倒入香油，下葱、姜片炝锅，速下排骨、开水、白糖、醋、料酒，用文火煨 20 分钟左右，待肉骨能分离，加红糖，收汁，淋入香油即成。注意炖排骨时水也不能太多。

腐乳排骨

主料：猪排骨 300 克。

调料：酱油、精盐、白糖、腐乳汤、料酒、葱、姜、水淀粉、植物油各适量。

制做：

1.葱切段，姜切片；排骨剁成 4 厘米长的段，洗净，控干水分，放入盆内，加入少许酱油、水淀粉拌匀，用热油炸成金红色捞出。

2.将排骨放入锅内，加入水（以漫过排骨为度）、酱油、精盐、白糖、料酒、葱段、姜片、腐乳汤，用大火烧开后，转微火焖至排骨酥烂即成。

红烧排骨

主料：猪排骨 300 克。

调料：酱油、精盐、料酒、葱、姜、大料、水淀粉、植物油。

制做：

1.葱切段；姜切片；排骨剁成 4 厘米长的块，洗净控干水分，加入少许酱油、水淀粉拌匀，用热油炸成金黄色捞出。

2.将排骨放入锅内，加入水（以漫过排骨为度）、酱油、料酒、精盐、大料、葱段、姜片，尝好味，用大火烧开后，转微火焖至排骨肉烂即成。

聪明宝宝营养指南

● 香肠炒油菜

主料：香肠 50 克，油菜 200 克。

调料：植物油、盐、酱油、料酒、姜末、葱花各适量。

制做：

1. 将香肠切成薄片；将油菜洗净切成短段，梗、叶分置。

2. 锅置火上，放油烧热，下姜末、葱花煸炒，然后放油菜梗炒，再下油菜叶炒至半熟，倒入切好的香肠，并加入酱油、料酒，用旺火快炒几下，加盐调味即成。

● 羊肉炒空心菜

主料：羊肉 100 克，空心菜 75 克。

调料：蒜、姜、植物油、料酒、淀粉、盐、沙茶酱、蚝油、白糖、香油各适量。

制做：

1. 羊肉洗净，切片，加入料酒、淀粉、盐拌匀，稍腌渍后过温油备用。

2. 空心菜洗净，切段；蒜去皮，洗净，拍碎；姜洗净，切丝。

3. 油锅烧热，将蒜末、姜丝、空心菜段炒匀，加入盐、沙茶酱、蚝油、白糖及羊肉片，大火炒熟，滴入香油即可。

● 青椒炒猪肝

主料：鲜猪肝 200 克，青椒 2 个。

调料：酱油、料酒、醋、盐、糖、葱姜末、蒜茸、淀粉、植物油各适量。

制做：

1. 青椒洗净切片；猪肝洗净，切成片，用料酒、酱油、醋、糖、淀粉略腌一会儿。

2. 炒锅上火，加适量油，爆香葱姜及蒜茸，下猪肝略炒，下青椒炒熟透，加盐即可。

土豆烧牛肉

主料：牛肉、西红柿、土豆各 50 克，洋葱 25 克。

调料：植物油、精盐、白糖各适量。

制做：

1. 牛肉洗净切块，放入白水锅中用大火煮开，后改以小火煮，熟后捞出备用。

2. 土豆洗净，去皮，切块，入牛肉汤中煮熟。西红柿洗净切块；洋葱剥皮、洗净、切块。

3. 锅置火上，放油烧热后煸炒西红柿，加入洋葱再煸炒片刻，倒入牛肉、土豆，加

精盐、白糖再煮 1 ～ 2 分钟即可出锅。

黄焖牛肉

主料：牛肉 (瘦)200 克，西红柿 50 克。

调料：香油、高汤、料酒、酱油、大葱、大蒜、姜、大料、盐各适量。

制做：

1. 将牛肉洗净切成块焯水，西红柿切块。

2. 锅置火上，放入香油烧热，放入大料、葱段、姜片、蒜片煸炒出香味；烹入料酒，加入高汤、酱油烧开；捞出佐料，将牛肉、西红柿放入，用微火煨入味至透加盐调味即可。

蒜苔炒羊肉

主料：羊肉条 250 克，姜、蒜苔各 50 克，甜椒 2 个。

调料：料酒、盐、酱油、甜面酱、水淀粉、植物油各适量。

制做：

1. 羊肉条洗净，加料酒、盐拌匀腌渍；姜洗净，切丝；甜椒洗净，切条；蒜苔洗净，切段；水淀粉、酱油、盐调成芡汁。

2. 锅内倒油烧热，加羊肉条炒至变色，加姜丝、甜椒条、蒜苔段煸炒片刻，加入甜面酱炒匀，加芡汁勾芡即可。

聪明宝宝营养指南

● 蘑菇炖鸡

主料： 鲜蘑菇 100 克，鸡腿 2 只。

调料： 料酒、盐、植物油、姜片各适量。

制做：

1. 鲜蘑菇洗净后，撕成小块；鸡腿洗净，切成块。

2. 锅内倒油烧热，下入姜片煸炒，然后下入鸡腿块翻炒并倒入料酒，接着放入蘑菇块炒几下后，加入适量水，用小火炖 20 分钟，加盐调味即可。

营养经

鸡肉和牛肉、猪肉比较，其蛋白质的质量较高，脂肪含量较低。此外，鸡肉蛋白质中富含全部必需氨基酸，其含量与蛋、乳中的氨基酸谱式极为相似，因此为优质的蛋白质来源。

● 虾味鸡

主料： 鲜虾 50 克，鸡胸肉 100 克。

调料： 料酒、胡椒粉、淀粉、盐、植物油各适量。

制做：

1. 鸡肉洗净后切大的三角形（这个形状可以随心意）片成薄鸡片；虾肉去皮去沙线洗净后剁成泥，加盐、料酒、胡椒粉拌匀；鸡肉也用同等量的盐、料酒、胡椒粉抓匀腌一下。

2. 鸡胸肉上裹上一层粉芡；分别把虾泥均匀涂抹在鸡片上。

3. 锅上火 8 成热油温把鸡片下锅；炸成金黄色即可；炸制好的鸡片滤一下油就可以了。

● 秋耳爆腰花

主料：腰花 350 克，水发秋耳 100 克，青红椒片各 25 克。

调料：盐、味精、醋、酱油、水淀粉、胡椒粉、料酒、香油、葱、姜、蒜各适量。

制做：

1. 将猪腰切成两半，去膜片去腰骚切成麦穗花刀，加盐、味精、料酒、葱姜腌制 15 分钟。

2. 秋耳用水泡软洗净焯水。

3. 青红椒切成三角块。

4. 锅内放入油爆熟腰花。

5. 锅内放少许油，爆香葱姜，放入腰花、秋耳、青红椒角，烹入料酒、酱油，上色后加盐、味精、胡椒粉调好味炒熟，勾少许芡，点入香油即可。

营养经

腰花含有蛋白质、脂肪、碳水化合物、钙、磷、铁和维生素等，有健肾补腰、和肾理气之功效。

● 苹果鸡

主料：鸡肉 500 克，苹果 2 个，水发口蘑 25 克。

调料：葱、姜、酱油、白糖、醋、盐、清汤、植物油各适量。

制做：

1. 将口蘑切成薄片；将鸡肉切成小块；苹果也切成小块。将鸡块冷水下锅氽烫好后捞出。

2. 锅置火上，倒油后爆香葱姜，放入氽烫好的鸡块快炒，放入白糖和醋快速翻炒后。倒少许酱油上色。然后加入切好的苹果。

3. 加少许清汤盖上盖子煮至汤汁收干即可出锅，出锅前滴上几滴鸡汁拌匀。

聪明宝宝营养指南

● 鸡肉豌豆

主料： 鸡腿肉块 100 克，豌豆、莴笋叶各 40 克，鸡蛋 1 个。

调料： 植物油、盐、胡椒粉、淀粉、咖喱沙拉酱各适量。

制做：

1. 鸡腿肉用盐、胡椒粉腌渍 10 分钟，再用淀粉裹匀；莴笋叶撕小片；豌豆洗净，焯烫后冲凉；鸡蛋加盐、胡椒粉搅成蛋液。

2. 油锅烧热，下入蛋液炒熟捞出；锅留余油烧热，下入莴笋叶，炒 1 分钟后捞出。

3. 锅中倒油烧热，放鸡肉炸至酥脆，晾凉切块，加入豌豆、莴笋叶和鸡蛋，淋咖喱沙拉酱即可。

● 韭黄炒鸡柳

主料： 韭黄 250 克，鸡脯肉 150 克，鸡蛋 1 个（取蛋清），青椒适量。

调料： 酱油、料酒、白糖、盐、干淀粉、水淀粉、香油、植物油、葱段、蒜片、姜片、胡椒粉各适量。

制做：

1. 鸡脯肉洗净，切条，加蛋清、干淀粉、盐搅匀，腌渍片刻；韭黄洗净，切段；青椒去籽，洗净，切条。

2. 锅内倒油烧热，放入鸡肉滑炒，待熟后捞出。

3. 锅留余油烧热，将葱段、姜片、蒜片放入爆香，加入料酒、酱油、白糖、胡椒粉和少许水翻炒 3 分钟，再放入鸡肉条、韭黄段、青椒条中火炒至熟，加盐调味，用水淀粉勾芡，出锅前淋上香油即可。

营养经

韭黄含丰富的蛋白质、糖、矿物质钙、铁和磷、维生素 A 原、维生素 B2、维生素 C 和尼克酸，以及苷类和苦味质等。具有驱寒散瘀、增强体力作用，并能增进食欲，还能续筋骨、疗损伤。

● 西红柿酱鸡翅

主料：鸡翅 200 克，西红柿酱 50 克。

调料：蒜片、大料、植物油、酱油、盐各适量。

制做：

1. 鸡翅洗净，斩块。

2. 锅中倒油烧至四成热时，爆香蒜片和大料，再放鸡翅块翻炒，待鸡翅表皮变色后放入酱油，大火翻炒半分钟后，再放西红柿酱，改中火翻炒 1 分钟。

3. 锅内加水，以没过鸡翅块为宜，小火炖 15 分钟至熟，再以大火收汁，加盐调味即可。

● 五香鸡胗

主料：鲜鸡胗 500 克。

调料：盐、小茴香、大料、花椒、桂皮各适量。

制做：

1. 鲜鸡胗洗干净，去除筋膜，再用盐、小茴香、大料、花椒、桂皮腌渍 10 个小时。

2. 用 1 根针穿上结实的棉线，把腌好的鸡胗一个一个串上，然后放在干燥通风的地方，风干。

3. 到第 5 天时，把风干的鸡胗取出，用凉水冲洗干净，上蒸锅蒸 15 ～ 20 分钟即可。

● 酸菜鸭

主料：鸭肉 500 克，酸菜 100 克。

调料：姜丝、蒜末、白胡椒、辣椒、盐、面粉、料酒、高汤、植物油各适量。

制做：

1. 鸭肉洗净，切块，加盐、面粉、料酒拌匀；酸菜洗净，切丝。

2. 锅烧热倒油，炝香蒜末、姜丝，放入鸭肉翻炒 1 分钟，接着放高汤、酸菜丝煮熟，加入盐、辣椒、白胡椒调味即可。

聪明宝宝营养指南

● 白果焖鸭

主料：白鸭1只，玉竹、银杏各50克，北沙参10克。

调料：大料、葱、姜、酱油、料酒、盐、蜂蜜、冰糖、植物油各适量。

制做：

1. 将鸭子洗净，里外抹匀蜂蜜，放入热油中炸成金黄色；玉竹、银杏、北沙参、大料、葱、姜、冰糖填入鸭膛内，将鸭子摆入大砂锅内。鸭子必须收拾好，毛去净，内脏摘除冲净，里外有料，是为了滋味煮透。

2. 炒锅加入油，烧热，放入葱、姜、大料、盐炒香，倒入酱油、料酒、水，烧开倒入砂锅，把砂锅放在火上焖煮90分钟即成。

● 春笋烧兔

主料：鲜兔肉500克，净春笋500克。

调料：葱段、姜、酱油、豆瓣、水淀粉、肉汤、盐、植物油各适量。

制做：

1. 将兔肉洗净，切成3厘米见方的块。春笋切滚刀块。

2. 旺火烧锅，放植物油烧至六成熟，下兔肉块炒干水分，再下豆瓣同炒，至油呈红色时下酱油、盐、葱、姜、肉汤一起焖，约30分钟后加入春笋。待兔肉焖至软烂时放味精、水淀粉，收浓汁起锅即可。

● 爽滑鸭丝

主料：鸭脯肉丝100克，玉兰片丝5克，鸡蛋1个（取蛋清），胡萝卜粒少许。

调料：香菜末、盐、淀粉、葱末、姜末、料酒、植物油各适量。

制做：

1. 鸭肉丝用盐、蛋清和淀粉上浆，过油；将料酒、盐、葱末、姜末和香菜末混合调成汁。

2. 余油烧热，倒入鸭丝、玉兰片丝、胡萝卜粒翻炒片刻，倒入调料汁即可。

茭白炒鸡蛋

主料：鸡蛋 50 克，茭白 100 克。

调料：熟猪油 10 克，精盐、味精、葱花、高汤各适量。

制做：

1. 将茭白去皮，洗净，切成丝。

2. 鸡蛋磕入碗内，加入精盐调匀。将熟猪油放入锅中烧热，葱花爆锅，放入茭白丝翻炒几下，加入精盐及高汤，炒干汤汁，待熟后盛入盘内。另起锅放入熟猪油烧热，倒入鸡蛋液，同时将炒过的茭白放入一同炒拌，鸡蛋熟后点入味精装盘即可。

洋葱炒鸡蛋

主料：鸡蛋 4 个，洋葱 150 克，火腿 80 克。

调料：盐、酱油、胡椒粉、植物油、香油各适量。

制做：

1. 鸡蛋打入碗中打散，加入盐、胡椒粉搅拌均匀；洋葱去皮，洗净，切成粒；火腿洗净，切成末。

2. 锅置火上，放入适量油烧热后，下洋葱粒翻炒片刻，捞出沥油，晾凉后和火腿末一起倒入鸡蛋液中，再搅拌均匀。

3. 锅中余油烧热，放鸡蛋液炒熟，加盐、酱油和香油调味。

油菜蛋羹

主料：鸡蛋 1 个，油菜叶 100 克，猪瘦肉适量。

调料：盐、葱、香油各适量。

制做：

1. 油菜叶、猪瘦肉分别洗净，切碎；葱洗净，切成末。

2. 鸡蛋磕入碗中打散，加入碎油菜、肉末、盐、葱末、香油，搅拌均匀。

3. 蒸锅置火上，加适量清水煮沸后，将混合蛋液放入蒸锅内，用中火蒸 6 分钟即可。

聪明宝宝营养指南

● 干烧鲤鱼

主料： 鲤鱼1条，冬菇、冬笋、干红辣椒、青椒、猪肉各50克。

调料： 植物油、辣豆瓣酱、白糖、盐、葱末、姜末、料酒、醋、蒜末、酱油各适量。

制做：

1. 鲤鱼去鳃，除内脏，洗净，在鱼身两侧剞花刀，抹上料酒、酱油腌渍20分钟；冬菇，冬笋，干红辣椒，青椒分别洗净，切成小丁；猪肉洗净，切成丁。

2. 锅中倒油烧热，下入鲤鱼炸至表皮稍硬，捞出沥油。

3. 油锅继续烧热，下入猪肉丁煸炒至变色，加入葱末、姜末、蒜末、干红辣椒爆香，加料酒略炒，再放入辣豆瓣酱、冬菇丁、冬笋丁继续煸炒1分钟，随后加白糖和适量水煮沸，放入炸好的鲤鱼，烧10分钟至鱼肉熟透时，加入盐、青椒丁和少许醋，大火收汁即可。

● 木耳清蒸鲫鱼

主料： 黑木耳100克，鲫鱼300克。

调料： 料酒、盐、白糖、姜、葱、植物油各适量。

制做：

1. 将鲫鱼去鳃、内脏、鳞，冲洗干净；黑木耳泡发，去杂质，洗净，撕成小碎片；姜洗净，切成片；葱洗净，切成段。

2. 将鲫鱼放入大碗中，加入姜片、葱段、料酒、白糖、植物油、盐腌渍半小时。

3. 鲫鱼上放上碎木耳，上蒸锅蒸20分钟即可。

● 葱烧小黄鱼

主料：小黄鱼1条，胡萝卜、扁豆、芹菜各20克。

调料：西红柿汁、黄油、盐、葱丝各适量。

制做：

1. 把收拾好的小黄鱼从肚皮剖开，抹上薄薄一层盐；胡萝卜、芹菜、扁豆分别洗净，切丝。

2. 锅置火上，放入黄油溶化，将胡萝卜丝、扁豆丝、芹菜丝放在鱼肚内，鱼身上撒上葱丝和西红柿汁，然后放入锅内焖烧至熟即可。

● 香酥带鱼

主料：带鱼200克，鸡蛋1个。

调料：花生油、精盐，淀粉、面粉、五香粉、椒盐、胡椒粉各适量。

制做：

1. 将带鱼洗净切成块，放入盆内，用盐和少量白酒、姜片腌制20分钟左右。

2. 将腌制好的带鱼沥干水分。

3. 将鸡蛋、淀粉、面粉、五香粉、胡椒粉和少许盐调制成糊待用。

4. 锅内放油烧至七成热时，放入挂好糊的带鱼，一块一块地放入油中炸至金黄即可。

5. 摆盘，洒上少许椒盐面即可。

🔵 酸甜美味鱼块

主料: 草鱼 300 克,鲜橙汁 100 克,鸡蛋 2 个,玉米粉 50 克。

调料: 植物油、盐、生粉各适量。

制做:

1. 草鱼洗净剔去骨,切成 15 厘米宽的条状,加入适量盐抓匀,腌制 15 分钟;将生粉和清水调匀成生粉水。

2. 鸡蛋打入碗内,加入适量玉米粉和清水搅打均匀,以捞起炸浆往下倒不会断为准;将炸浆倒在鱼块上,翻动鱼块让其裹上炸浆;夹起鱼块放在玉米粉上滚动,让其再沾上一层玉米粉。

3. 烧热油,放入鱼块炸至呈金黄色,夹起沥干油待用。

4. 锅内留少许油烧热,倒入鲜橙汁炒匀,浇入生粉水勾芡,淋在鱼块上即成。

🔵 海米冬瓜

主料: 冬瓜 500 克,海米 50 克。

调料: 绍酒、水淀粉、葱末、姜末、盐、鸡粉各适量。

制做:

1. 将冬瓜削去外皮,去瓤、籽,洗净切成片,用少许盐腌 10 分钟左右,沥干水分待用;将海米用温水泡软。

2. 炒锅置旺火上,放油烧至六成热,倒入冬瓜片,待冬瓜皮色翠绿时捞出沥干油待用。

3. 炒锅留少许底油,烧热,爆香葱末、姜末,加入半杯水、鸡粉、绍酒、盐和海米,烧开后放入冬瓜片,用旺火烧开,转用小火焖烧,冬瓜熟透且入味后,下水淀粉勾芡,炒匀即可出锅。

4~6 岁聪明宝宝一直食谱

● 鱼丝烩玉米

主料：净黄鱼150克，玉米100克，鸡蛋1个(取蛋清)。

调料：植物油、盐、鲜汤、干淀粉、水淀粉各适量。

制做：

1. 黄鱼去皮、去刺，改刀切成片，清水漂净，加盐、蛋清、干淀粉上浆待用。

2. 油锅烧热，下入鱼片滑油至熟捞出，沥油。

3. 锅洗净，放入适量鲜汤，烧沸加盐，入玉米、鱼片烧沸，水淀粉勾芡，淋熟油即可。

● 三鲜炒粉丝

主料：鸡蛋1个，粉丝1卷，鳗鱼干1段，虾仁适量，胡萝卜1小段。

调料：葱、盐、白糖、植物油各适量。

制做：

1. 胡萝卜、葱段、鳗鱼干洗净后切丝；粉丝在凉水中浸泡10分钟，使其软化；鸡蛋打散备用。

2. 起油锅炒蛋，等蛋结成块起锅。

3. 将切好的各种丝放入锅中翻炒，放入粉丝翻炒，放入少许水、白糖、盐，最后放入炒好的蛋，炒匀起锅装盘即可。

● 白卤虾丸

主料：虾丸10个，竹扦数根。

调料：冰糖200克，料酒、盐、甘草、草果、大料、小茴香各适量。

制做：

1. 虾丸用清水洗一下，用竹扦穿起来。

2. 锅中倒入所有调料，加适量水用小火煮沸，放入虾丸用小火卤煮至熟，捞出沥干，去掉竹扦，盛盘即可。

● 西红柿大虾

主料：大虾 500 克。

调料：西红柿酱 200 克，白糖、姜末、料酒、胡椒粉、植物油、盐各适量。

制做：

1. 大虾从虾背煎开，用牙签从虾背的二或三节处挑出虾线；加入适量的盐、料酒和姜片，搅拌均匀腌制一下。

2. 烧锅油，油六七成热时下入腌制好的大虾；炸至虾变成红色且表壳微微收缩后捞出沥干油分。

3. 锅中留少许底油，下入姜末翻炒；煸炒出香味后再加入西红柿酱一起煸炒。翻炒几下后加入适量的水煮开，加入盐、白糖和胡椒粉调味；再下入刚炸过的大虾；大火焖煮大虾并收汁到合适的程度即可。

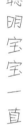

● 蘑菇炖豆腐

主料：嫩豆腐 500 克，鲜蘑菇 50 克，熟竹笋片 25 克，素汤汁适量。

调料：酱油、香油、盐、味精各适量。

制做：

1. 将嫩豆腐切成约 2 厘米见方的小块，用沸水焯后，捞出待用。注意时间不宜长，火开后立即捞出，以免老化。

2. 把鲜蘑菇削去根部黑污，洗净，放入沸水中焯 1 分钟，捞出，用清水漂凉，切成片。

3. 在砂锅内放入豆腐、笋片、鲜蘑菇片、盐和素汤汁（浸没豆腐为准），用中火烧沸后，移至小火上炖约 12 分钟，加入酱油、味精、淋上香油即成。

● 蟹肉烧豆腐

主料：蟹肉100克，豆腐150克。

调料：淀粉、植物油、葱、姜、料酒、盐、酱油各适量。

制做：

1. 将蟹洗净，蒸熟，取出蟹肉；豆腐切成小块；葱去皮，洗净，切葱花；姜洗净，切丝。

2. 锅置火上，放油烧热，下葱、姜煸炒，再将豆腐倒入，用旺火快炒。

3. 再将蟹肉倒入，并加入料酒、酱油、盐等急炒，将淀粉调成水汁，倒入调匀，烧开即成。

● 菊花茄子

主料：长茄子300克，胡萝卜5克，面粉30克。

调料：植物油、番茄酱、碘盐、味精、白糖、葱姜末、淀粉、香油各适量。

1. 把茄子去蒂洗净去皮，切4厘米高的墩，然后在墩的横断面剞上十字花刀，撒少量盐略腌，再用面粉沾均匀备用，胡萝卜洗净切筷头丁。

2. 锅置火上，放入适量植物油，烧七八成热，放入茄花炸好，倒出沥油，摆入盘内。

3. 锅内放底油烧热，放番茄酱略炒，再入葱末、姜末、汤、白糖、胡萝卜丁、盐、味精烧开，用湿淀粉勾流芡，加香油，烧淋在炸好的茄花上即好。

● 香干炒西芹

主料：西芹200克，豆腐干50克。

调料：葱末、姜末、香油、酱油、盐。

制做：

1. 将西芹择去叶子，洗净，切成3厘米长的段，放入沸水中焯一下，捞出沥干；豆腐干切成薄片，放入沸水中焯一下，捞出沥干，备用。

2. 锅置火上，放油烧热，放入葱末、姜末煸炒出香味，放入西芹煸炒几下，放入豆腐干片、酱油、盐，翻炒均匀，淋上香油即可。

聪明宝宝营养指南

● 腐竹烧丝瓜

主料：腐竹 200 克，黑木耳 100 克，丝瓜 50 克。

调料：植物油、盐、白糖、料酒、香油、葱末、姜末各适量。

制做：

1. 将腐竹泡发后，用清水煮软，捞出晾凉，切成段；黑木耳泡发，洗去杂质，撕成小朵；丝瓜去皮，洗净，切成片。

2. 油锅烧热，爆香葱末、姜末，放入腐竹段、黑木耳和丝瓜片炒匀，加料酒用中火略焖 2 分钟后，加白糖和少许清水，煮沸后改用小火收汁，再放入盐和香油调味，搅拌均匀即可。

● 香菇菜心

主料：油菜心 250 克，鸡油 50 克，鲜香菇 100 克。

调料：姜片、盐、葱花、香油各适量。

制做：

1. 油菜、香菇洗净，油菜从根部剖"十"字后撕成 4 瓣。

2. 炒锅内放鸡油，烧至八成热，推入葱花、姜片、油菜心、香菇，用旺火炖 3 分钟，再加味精，淋少许香油即成。

● 冻豆腐炖海带

主料：冻豆腐（或北豆腐）200 克，海带结 50 克，蘑菇 50 克。

调料：姜、葱、盐、植物油各适量。

制做：

1. 冻豆腐块挤干水分，海带结洗净，蘑菇洗净撕成小片。

2. 锅中油烧热后，放入冻豆腐，略煎一会儿。

3. 煎至豆腐表面有些发黄后，倒入水、海带结、姜葱片。

4. 煮至水开后，转小火煮 30 分钟，煮至一半时将蘑菇倒入一起煮；出锅前撒盐调味即可。

● 奶煎茄盒

主料：茄子2个，肉末100克，鸡蛋2个，面粉适量，牛奶50毫升。

调料：盐、植物油各适量。

制做：

1.肉末和1个鸡蛋拌匀，加适量盐做成肉馅。

2.茄子洗净，去头去尾后切成夹刀片，就是两片茄子中间连刀。

3.肉馅塞入相连的茄子中，做成茄盒。

4.面粉用1个鸡蛋加牛奶搅成面糊，茄盒均匀沾上面糊。下油锅煎成金黄色，盛出沥干油。

● 干煸四季豆

主料：四季豆500克，猪肉20克，大蒜8瓣。

调料：植物油、料酒、酱油、精盐各适量。

制做：

1.将四季豆掐去两头，切成长段洗净，用厨房纸巾擦干表面水分；蒜切末，猪肉切末。

2.锅内放油，烧至八成热时放入四季豆，炸3分钟后，豆角表面起皱干缩，捞出沥油。

3.锅中留底油，烧热，放入蒜末、肉末炒香，调入料酒和酱油后盛出成味汁。

4.锅内放油，烧热，倒入炸过的豆角，用小火煸熟，再将味汁倒入锅里，调入精盐炒匀即可。

● 西芹百合

主料：百合 2 朵，西芹 300 克。

调料：盐、姜末、淀粉水各适量。

制做：

1. 将西芹去除皮和老筋，切菱形片；百合择洗干净，掰开备用。

2. 锅中热油，放入姜末、西芹和百合翻炒，再加入盐，用淀粉水勾薄芡即可。

制做关键：鲜百合过水要过透，才不会呈现黑色。百合性偏凉，凡风寒咳嗽、虚寒出血、脾虚便溏者不宜食用。

● 腊味荷兰豆

主料：腊肉、荷兰豆各 100 克。

调料：植物油、盐、白糖、料酒各适量。

制做：

1. 腊肉切片，放入小碗，加料酒，上锅蒸熟。

2. 荷兰豆择洗净（大的可以切成两半）。

3. 锅中将油烧至六成热，倒入荷兰豆快速煸炒至没有生腥味，加盐、白糖、腊肉，调整好口味装盘即可。

营养经

在荷兰豆和豆苗中含有较为丰富的膳食纤维，可以防止便秘，有清肠作用。荷兰豆能益脾和胃、生津止渴、和中下气、除呃逆、止泻痢、通利小便。经常食用，对脾胃虚弱、小腹胀满、呕吐泻痢、产后乳汁不下、烦热口渴均有疗效。

营养主食

● 蔬菜煎饼

主料：胡萝卜、青菜各 100 克，面粉 200 克，鸡蛋 1 个。

调料：盐、植物油各适量。

制做：

1.胡萝卜去皮，洗净，切丝；青菜洗净，切成细丝；鸡蛋打散，搅拌均匀成蛋液。

2.在面粉内加入蛋液、胡萝卜丝、青菜丝、盐、适量水搅拌成面糊状。

3.平底锅置火上，放入适量植物油，将面糊分次用小火摊成薄饼，吃时切块即可。

● 鲜肉茄饼

主料：猪肉、茄子各 200 克，鸡蛋 3 个，淀粉 100 克，中筋面粉 50 克。

调料：植物油、盐、味精、香油、胡椒粉各适量。

制做：

1.鸡蛋磕入盆中打散，加入淀粉、中筋面粉、盐、味精搅成面糊；猪肉洗净剁成细末，加入盐、香油、胡椒粉调好味。

2.茄子洗净切椭圆形片，夹入调好的肉馅，挂面糊，入热平底油锅中小火烙至两面呈金黄色，鼓起熟透即可。

营养经

茄子的营养也较丰富，含有蛋白质、脂肪、碳水化合物、维生素以及钙、磷、铁等多种营养成分。

聪明宝宝营养指南

● 胡萝卜饼

主料： 胡萝卜 250 克，面包 125 克，面包渣 75 克，鸡蛋 3 个，牛奶适量。

调料： 植物油、白糖各少许。

制做：

1. 将胡萝卜洗净，切碎，放入锅中，注入沸水，使水刚刚漫过胡萝卜，加入少许白糖，盖锅焖煮 15 分钟。

2. 将面包去皮，在牛奶里浸片刻，取出，同胡萝卜放在一起，研碎，加入鸡蛋液调匀，做成小饼，上面涂上打成泡沫的蛋清，沾匀面包渣，备用。

3. 将平底锅置火上，放入植物油，烧热，入做好的小饼坯，煎熟即成。煎饼时火不宜太旺，否则饼外糊里生。

营养经

许多宝宝不爱吃蔬菜、萝卜，容易偏食。用胡萝卜作成美味的饼，既能保证维生素、蛋白质、碳水化合物配比适当，营养均衡，还可以促进宝宝的食欲，从而摄取合理的营养素，使身体正常发育。

● 香酥饼

主料： 面粉 500 克。

调料： 植物油、大葱、姜片、食盐、花椒面各适量，花椒、大料少许。

制做：

1. 把植物油放炒勺内烧热，放入花椒、大料、姜片、葱花，炸至葱花变色时，捞出花椒、大料等调料，待油凉后，加少量面粉、花椒面和食盐，调成软酥。

2. 将凉水放入盆内，加入适量盐，盐溶化后，将水倒入面粉内，拌和，揉搓成面团。

3. 将面团搓成直径约 3.5 厘米的圆条，揪成面剂，再逐个儿将剂子搓长、按扁，擀成中间厚、四边薄的长条片，抹上一层软酥，折叠后，包入调好的馅料，收口捏紧制成生坯。

4. 烤炉加热，将饼坯排放在烤盘中，按扁，并两面刷油，烤制成虎皮色出炉装盘，即可。

● 糯米馒头

主料：糯米 200 克，白面 500 克。

调料：牛奶、白糖、蜂蜜、发酵粉、香油各适量。

制做：

1. 牛奶加水加热到 40 度，加面粉发酵粉和面，做成发面团。

2. 糯米洗净放到电饭煲里闷熟，趁热加入白糖、葡萄干、香油、蜂蜜，搅拌均匀做成馅。

3. 把发面团擀成小饼，把做好的馅包在里边，揉成馒头状。

4. 放半个小时，看到比原来大一倍时，凉锅上屉，起气开始蒸 20 分钟即可。

● 烤牛肉卷饼

主料：牛里脊肉 200 克，彩椒 3 个 (青、红、黄椒)，面粉 150 克，玉米面 75 克。

调料：黑胡椒碎、盐、橄榄油、色拉油、料酒、植物油、水淀粉、酱油各适量。

制做：

1. 将面粉与玉米面混合，加水和成面团备用。将饧好的面团搓成长条，分成若干个面剂，将面剂按扁，将两个面剂叠起，中间涂色拉油，用擀面杖擀成圆饼。

2. 平底锅刷上一层薄薄的植物油，放入圆饼小火慢慢煎至两面金黄；彩椒切成小丁，放入容器中，加盐、黑胡椒碎、橄榄油调味，搅拌均匀成沙拉备用；牛里脊肉切成条，撒上盐、黑胡椒碎、料酒、水淀粉、酱油腌渍片刻。

3. 锅置火上，倒入适量的油，将牛肉放入锅中煎熟。将煎好的牛肉放在玉米饼的中间，上面放上彩椒沙拉，再将玉米饼卷起来就可以了。

聪明宝宝营养指南

● 刀切馒头

主料：小麦面粉 500 克。

调料：酵母粉、泡打粉、白砂糖各适量。

制做：

1. 将面粉、干酵母粉、泡打粉、白砂糖放盛器内混合均匀，加水 250 毫升搅拌成块，用手揉搓成团，放案板反复揉搓，直至面团光滑，备用。

2. 在案板上洒一层干面粉后将发酵面团放上，将发酵面团搓成 3 厘米粗的长条，再将长条切成约 3 厘米宽的段。

3. 另取盛器洒上干面粉，将刀切馒头生胚逐个放入，放较温暖的地方饧发 20 分钟，再蒸熟即可。

● 翡翠包

主料：海虾 200 克，圆白菜叶 400 克，火腿肠 100 克，竹笋、香菇各适量。

调料：葱、盐、胡椒粉、香油、水淀粉、鸡汤适量。

制做：

1. 猪肉洗净，切成小丁；海虾洗净，取出虾仁，去除沙线；火腿肠切碎；竹笋、香菇分别洗净，切小粒，焯烫后，捞出沥干；葱洗净，切长丝。

2. 净猪肉、海虾、火腿、竹笋、香菇加盐、胡椒粉、香油制成馅料；将圆白菜叶焯烫至翠绿色，捞出过凉后放入馅料，用葱丝扎紧顶部，做成白菜包，放入蒸锅中。

3. 另取一锅置火上，以鸡汤、水淀粉、盐煮沸做成薄芡淋菜包上即可。

● 海鲜山药饼

主料：虾100克，山药500克，鸡蛋1个。

调料：盐、淀粉、植物油各适量。

制做：

1.虾洗净，剥壳，去除沙线，剁成泥；山药去皮，洗净，上锅蒸熟，碾成山药泥。

2.在虾泥、山药泥内放入打散的鸡蛋、淀粉、盐拌匀，再做成10个小圆饼生坯。

3.平底锅置火上，放油，将小圆饼放入，煎至两面呈金黄色。

● 枣花卷

主料：面粉500克，红枣200克。

调料：酵母粉、碱面、植物油各适量。

制做：

1.将面粉、酵母粉加水和成面团，发酵1小时，再加碱面揉匀，并搓成长条，揪成剂子，擀成长片，均匀地涂上一层油。

2.在面片两头分别放两颗枣，向中间卷起，最后呈十字交叉状叠在一起，用筷子在中间压一条缝，使四个枣向外突出，即成枣花卷。

3.放沸水蒸锅中蒸20分钟即可。

● 豆沙卷

主料：面粉、豆沙馅各适量。

调料：发酵粉适量。

制做：

1.将面团揉压后，分割成80克大小的剂子，滚圆。

2.每个剂子包入30克馅心，面朝上，用擀面杖擀成椭圆形饼状的坯子，然后翻过来用刀顺长割数刀（每刀距离约3毫米）割透为止。

3.将其从外向里卷起成筒状，收口处压在底部，制成生坯，饧30分钟。

4.将饧好的生坯上笼，大火蒸熟即可。

● 鸳鸯卷

主料：面粉 600 克，豆沙馅、西红柿酱各 400 克，白糖 200 克，熟面粉 150 克，青红丝少许。

调料：香油、酵母粉、食用碱各适量。

制做：

1. 将酵母粉用水泡开，加面粉和成面团，静置发酵，发起后兑碱揉匀，稍饧。

2. 西红柿酱倒入锅（勺）内，加香油、白糖，用慢火炒成稠状盛出，加熟面粉搅拌成馅。

3. 将面团擀成宽度适当的长方形薄片，两边分别抹上厚薄均匀的豆沙馅和西红柿酱馅，然后分别向中间卷起，翻个，稍加整理，压上花纹，撒上青红丝即成生坯。

4. 把生坯摆入屉内，用旺火蒸约 15 分钟即熟，取出按量切段即可。

● 芝麻糕

主料：黑芝麻 60 克，糯米粉 200 克，大米粉 300 克，桑葚、麻仁。

调料：白糖 30 克。

制做：

1. 黑芝麻放入锅内，用小火炒香。

2. 桑葚、麻仁分别洗净后，放入锅内，加适量清水，用大火烧沸后，转用小火煮 20 分钟，去渣留汁。

3. 把糯米粉、大米粉、白糖放入盆内，加煮好的汁和适量清水，揉成面团，做成糕，在每块糕上撒上黑芝麻，上笼蒸 15 ～ 20 分钟即可。

● 鲜虾烧麦

主料：白菜 400 克，净虾仁、金针菇、香菇末、芹菜、鸡肉末、藕各适量。

调料：酱油、盐、姜末、葱末、植物油各适量。

制做：

1. 芹菜洗净切末；藕洗净去皮切末；白菜焯烫后过凉。

2. 香菇、鸡肉、虾仁、芹菜、藕末加酱油、盐、姜末、葱末、植物油制成馅料，包在白菜叶里后插上金针菇，将口包好，上锅蒸熟。

迷你小粽子

主料：糯米 250 克，薏米 100 克，红枣丝 100 克。

辅料：粽子叶 10 片。

调料：白糖适量。

制做：

1. 糯米、薏米泡 8 个小时以上，粽子叶洗净泡清水中。

2. 把粽子叶卷起放入糯米和小枣包成粽子，用绳子绑紧。

3. 锅中加水没过粽子煮 1 个半小时即可。

制做关键：煮粽子时压上一个盘子不让粽子飘起来，否则飘在上面的不容易熟。

糯米宝葫芦

主料：红薯泥 500 克，糯米粉 50 克，韭菜几棵。

调料：绿豆沙馅、面包屑、蛋液和植物油各适量。

制做：

1. 在红薯泥中加入糯米粉（喜欢甜的可以加白糖），和成软硬适中的面团。

2. 面团分成若干小面团，揉圆，捏成片，包入豆沙馅，捏成葫芦的形状。拿葫芦生坯，刷上蛋液，粘上面包屑。

3. 锅内放油，可以适量多放点油，将葫芦放入油锅里，炸成金黄色即可。把几棵韭菜用开水烫一下，拿一根系在葫芦的中间，依次做好，即可装盘。

葡萄三明治

主料：全麦面包 1 个，葡萄干、葡萄果酱、乳酪粉、生菜、西红柿各适量。

制做：

1. 将全麦面包放入微波炉或者烤箱中略烤一下，取出切成片。

2. 先在一片烤面包的表面抹上一层葡萄果酱，然后把葡萄干、西红柿、生菜放在上面，再撒上适量乳酪粉，用另一面包片夹着即可食用。

聪明宝宝营养指南

肉松三明治

主料：切片面包 200 克，肉松 100 克，鸡蛋 1 个。

调料：沙拉酱适量。

制做：

1. 鸡蛋煮熟切片。面包在烤面包机中略烤一下。

2. 每片面包先涂一层沙拉酱，然后铺上一层肉松，最后加入鸡蛋即可。

茄汁菜包

主料：白菜叶 500 克，虾肉 100 克，猪瘦肉丁 50 克，海带 25 克，鸡蛋 1 个（取蛋清）。

调料：西红柿酱、白糖、醋、植物油、水淀粉、调馅料（盐、料酒、姜葱末）、胡椒粉各适量。

制做：

1. 白菜叶洗净，焯烫，过凉水；海带泡软，蒸熟，切丝；西红柿酱加入盐、白糖、醋和水，调成西红柿汁。

2. 虾肉洗净，制成茸，加入调馅料、蛋清、肉丁、胡椒粉，搅拌均匀，制成馅，放在菜叶上，折起包好，用海带丝将扣扎紧，蒸熟码盘。

3. 油锅烧热，下西红柿汁翻炒，水淀粉勾芡，浇在菜包上。

蟹粉灌汤包

主料：猪肉、面粉各 200 克，猪皮 100 克，蟹黄 20 克，清汤 500 克。

调料：姜末、盐、鸡粉、胡椒粉、白糖适量。

制做：

1. 猪肉剁成馅加入蟹黄清汤、姜末、盐、鸡粉调好口，做成馅。

2. 把猪皮加水熬制好冷却成冻，拌入肉馅。

3. 面粉加水和成面团擀成薄皮包入肉馅，做成包子放入小蒸笼里蒸熟即可。

制做关键：包子皮面和得硬一些，擀得稍微薄一些，这样蒸出的包子半透明口感好。

● 香菇烧肉面

主料: 猪五花肉 200 克,香菇 100 克,面条 400 克。

调料: 葱段、姜片、大料、酱油、料酒、白糖、植物油各少量。

制做:

1.五花肉洗净,切块,焯水,沥干;香菇泡软,去蒂,对半切开。

2.锅中倒油烧热,加白糖略炒,放入五花肉,翻炒后加入香菇块、葱段、姜片、大料、酱油、料酒、白糖和水焖 1 小时。

3.另起锅将面条煮熟,捞出放入五花肉锅里,焖 3 分钟即可。

● 冬瓜火腿面条汤

主料: 冬瓜 250 克,火腿 100 克,面条 300 克。

调料: 植物油、葱、盐各适量。

制做:

1.冬瓜去皮、瓤,洗净,切成 0.5 厘米厚的片;火腿切片;葱洗净,切末。

2.锅置火上,放适量植物油烧热,下葱末炸香,然后放入适量水和冬瓜片中火煮。

3.煮开后将浮沫撇去,放入面条大火煮 10 分钟后,加入火腿片,继续煮 3 ~ 5 分钟,加盐调味即可。

● 牛肉炒面

主料: 牛肉 200 克,面条 500 克,红椒丝适量。

调料: 料酒、酱油、盐、沙茶酱、植物油、淀粉、葱末、姜末各适量。

制做:

1.牛肉洗净,切片,用料酒、酱油和淀粉腌渍;面条煮熟备用。

2.油锅烧热,爆香葱末、姜末,下牛肉片翻炒,放红椒、沙茶酱炒 3 分钟,放面条炒 2 分钟,加盐调味即可。

聪明宝宝营养指南

● 小黄瓜虾仁龙须面

主料：小黄瓜 20 克，虾仁 10 克，龙须面 20 克。

调料：盐、葱末、高汤各少量。

制做：

1. 小黄瓜洗净，切片；虾仁洗净，切碎。

2. 锅置火上，放高汤煮沸后，转中火放入虾仁、小黄瓜、龙须面同煮 3 分钟，出锅前放葱末和盐即可。

● 蘑菇通心粉

主料：通心粉 50 克，鲜蘑菇 40 克，鸡蛋 1 个。

调料：鸡汤、奶油、牛奶、橄榄油、盐各适量。

制做：

1. 将通心粉放入热水中煮熟；将蘑菇切成细丝。

2. 用橄榄油将半个鸡蛋炒散，将蘑菇丝、奶油倒入快炒后，倒入半碗鸡汤煮软，放入煮熟的通心粉、牛奶、盐略煮一下即可。

● 香菇疙瘩汤

主料：面粉 400 克，香菇末，瘦肉末，青菜（或者白菜）切碎，切碎的海米几粒，鸡蛋 1 只。

调料：盐少许，色拉油。

制做：

1. 锅烧热后，加少许色拉油烧热，将肉末先放入锅内煸炒至变色，再放入香菇末煸炒至出香味，加两小碗水烧。

2. 面粉用凉水调成细细的面疙瘩备用。

3. 汤烧滚后，将面疙瘩倒入锅内煮滚后，加蛋，随后加碎青菜和海米粒，再煮至菜变软。起锅前放入香油，少许盐调味即可。

● 牛肉蒸饺

主料： 面粉100克，牛肉200克，洋葱、香芹各50克，鸡蛋1个。

调料： 盐、鸡粉、猪油、胡椒粉适量。

制做：

1. 面粉用80度的水烫熟加猪油搓均备用。

2. 洋葱切成粒，香芹切碎，牛肉剁碎加水、盐、鸡粉、胡椒粉调好味和成馅。

3. 下剂擀成皮包入馅捏成梳子角状，入蒸笼蒸10分钟即可。

制做关键： 打馅时按顺时针打，否则馅容易出水。

● 水煮桂鱼饺

主料： 桂鱼肉300克，面粉150克，鸡蛋清3个，葱姜末5克，韭菜50克。

调料： 碘盐、味精、胡椒粉各适量。

制做：

1. 面粉加清水和成面团备用。

2. 桂鱼宰杀好去骨刮出鱼肉，做成鱼胶加水和蛋清打上劲，然后加入葱姜末、盐、味精、胡椒粉调好口，放入切碎的韭菜拌均做成馅。

3. 面团下剂子擀成皮，包入桂鱼馅水饺下锅煮熟即可。

制做关键： 桂鱼肉嫩易熟，不宜煮的时间过长，水两次开锅皮鼓起来即可。

● 牛肉萝卜水饺

主料： 饺子皮500克，牛肉末、胡萝卜末。

调料： 葱末、姜末、盐、花椒粉、酱油、植物油、香油各适量。

制做：

1. 牛肉末加酱油、姜末、植物油、适量水搅匀，再放入葱末、胡萝卜末、香油、盐、花椒粉搅成馅。

2. 饺子皮内包入馅料，做成饺子生坯。锅中放水煮沸，放入饺子煮熟即可。

● 三鲜水饺

主料：冷水面 500 克，猪肉 400 克，水发海参、虾肉各 100 克，水发木耳 50 克。

调料：香油、酱油、味精、料酒、盐、葱末、姜末各适量。

制做：

1.冷水面放案板上，加盖拧干的湿洁布，饧约 1 个多小时；猪肉洗净，剁成碎末，放入盆内，加适量清水，使劲搅打至黏稠，再加洗净切碎的海参、虾肉、木耳、料酒、酱油、盐、味精、葱姜末和香油，拌匀成馅。

2.将冷水面分块揉匀，搓条，做成每个重 8～10 克的小剂子，按扁擀成圆形坯皮，包入馅心，捏成饺子生坯。

3.锅置火上，放多量清水烧开，下饺子生坯，边下边用勺慢慢推转，煮约 2 分钟，见饺子浮起后，加盖焖煮 4～5 分钟，开盖点水 2～3 次，敞煮 3～4 分钟即成。

● 韭菜猪肉水饺

主料：面粉 500 克，猪肉 350 克，鸡汤 1000 克，韭菜 100 克，紫菜 5 克。

调料：精盐、味精、香油、大葱、酱油、生姜各适量。

制做：

1.将韭菜择好洗净，切碎；葱、姜洗净，切末。

2.猪肉洗净，剁成泥，加酱油、精盐、葱末、姜末及适量水搅拌均匀，包饺子时，加入韭菜、香油、味精调拌成馅。

3.面粉加温水和成面团，饧 15 分钟，揉匀，搓成细条，揪成小剂，擀成薄皮，包入馅心，成水饺生坯。

4.锅置火上，放入清水，旺火烧开，下入包好的饺子，煮至八成熟捞出，再放入煮沸的鸡汤中，约煮 2 分钟，加精盐盛入碗内即可。

4～6 岁聪明宝宝一直食谱

137

● 鸡肉水饺

主料：面粉 250 克，鸡肉 150 克，青菜 80 克。

调料：植物油、香油、酱油、精盐、葱、姜末各适量。

制做：

1. 将菜择洗干净，剁成碎末，挤去水分；鸡肉剁成末，加入酱油、精盐、葱姜末拌匀，再加入适量的水调成糊状，最后放入植物油、香油、菜末拌成馅待用。

2. 将面粉放入盆内，加冷水 250 克和成面团，揉匀，搓成细条，按每 50 克 10 个下剂，用面杖擀成小圆皮，加入馅，包成小饺子待用。

3. 用开水将饺子煮熟即成。

● 羊肉胡萝卜馄饨

主料：馄饨皮 20 张，羊肉 50 克，胡萝卜 40 克，紫菜适量。

调料：植物油、盐、酱油、五香粉、葱、姜各适量。

制做：

1. 羊肉剁成馅。剁好的羊肉馅边加水边顺一个方向搅拌，加适量酱油、五香粉、葱姜末搅拌均匀放置入味，胡萝卜擦丝然后剁成细末，肉馅和蔬菜末放在一起，加适量植物油、盐调匀。包入皮中，做成馄饨生坯。

2. 锅置火上，放入清水，旺火烧开，下入包好的馄饨，煮熟，再放入紫菜，加精盐盛入碗内即可。

● 火腿青菜炒饭

主料：米饭 100 克，火腿 50 克，玉米（鲜）、青豆各 20 克，油菜 30 克，鸡蛋 1 个。

调料：植物油、盐、胡椒粉适量。

制做：

1. 油菜洗净切成段后，与玉米粒、青豆一起焯水烫透，捞出沥水备用；鸡蛋打入碗中，搅成蛋液备用。

2. 炒锅烧热放入油，倒入蛋液煸炒至定型，再放入火腿丁、米饭炒散；再放入玉米粒、青豆、油菜，加入盐、胡椒粉拌炒均匀入味即可。

聪明宝宝营养指南

茄汁豌豆炒饭

主料: 白米饭 500 克, 豌豆 200 克。

调料: 西红柿酱、葱半根、大蒜、花生油、盐、酱油各适量。

制做:

1. 豌豆洗净, 将葱、大蒜切成末。

2. 锅内放适量油加热, 把大蒜、葱、豌豆放进锅内同炒, 再放入米饭, 用中火慢慢炒透, 待饭粒充分地散开后加入西红柿酱, 放入少许盐调味, 从锅边淋少许酱油, 充分搅拌即可。

香葱豆干炒饭

主料: 米饭 (蒸)200 克, 猪肉 (肥瘦)50 克, 豆腐干 50 克。

调料: 香葱、植物油、白砂糖、绍酒、味精、盐各适量。

制做:

1. 香葱洗净切成葱花, 放入碗中备用; 豆腐干切成小丁, 焯水烫透, 捞出, 沥干水分备用。

2. 炒锅烧热倒入油, 放入肉馅煸炒至变色, 洒入少许绍酒。

3. 放入豆腐干、米饭, 加入盐、白砂糖、味精翻炒均匀, 撒上葱花即可。

香菇炒米饭

主料: 米饭 300 克, 鲜香菇 40 克。

调料: 植物油、胡萝卜、黄瓜、香肠、盐、葱花、耗油各适量。

制做:

1. 鲜香菇、胡萝卜、黄瓜、香肠分别洗净后切成丁备用。

2. 锅中放油烧至六成热, 放入香肠丁炒香后, 放入香菇丁、胡萝卜丁煸炒至熟。

3. 倒入米饭, 炒散后加盐调味, 下入黄瓜丁, 炒匀后加入蚝油炒 2 分钟, 最后撒入葱花炒匀即可关火出锅即可。

● 田园菠萝炒饭

主料：米饭 200 克，菠萝 100 克，玉米粒、青豆、胡萝卜、虾仁各适量。

调料：植物油、盐各适量。

制做：

1. 菠萝洗净，对半切开。把中间的菠萝肉挖出，切成丁；青豆洗净，胡萝卜洗净切丁。

2. 锅内加油，倒入虾仁翻炒，之后加入菠萝丁、玉米粒、青豆、胡萝卜，炒八成熟的时候把米饭倒入锅中翻炒，最后加入盐适量调味即可。

● 南瓜百合蒸饭

主料：小南瓜 1 个，大米 150 克，鲜百合 75 克。

调料：冰糖、白糖各适量。

制做：

1. 鲜百合逐瓣掰开，清洗干净；大米淘洗干净备用。

2. 锅中放入冰糖、白糖，加沸水溶化备用。

3. 南瓜洗净，将顶部打开，去籽、瓤，做成南瓜盅备用。

4. 将大米、百合装入南瓜盅内，倒入溶化的糖汁，水量没过材料约 2 厘米，加盖蒸 30 分钟即可。

● 青豆豆腐羹

主料：青豆 100 克，嫩豆腐 100 克，枸杞 3 克。

调料：盐、鸡粉、香油、水淀粉。

制做：1. 先将青豆嫩豆腐焯水备用。

2. 锅内放入浓汤、青豆、豆腐、盐、鸡粉调味烧开入味。

3. 水淀粉勾芡放入香油即可。

营养经

青豆除了含有蛋白质和纤维，它也是人体摄取维生素 A、维生素 C 和维生素 K，以及维生素 B 的主要来源食物之一。青豆还能提供少量钙、磷、钾、铁、锌、硫胺素和核黄素。

聪明宝宝营养指南

美味汤粥

● 白菜柚子汤

主料：柚子肉100克，白菜60克，猪瘦肉250克。

调料：盐、高汤各适量。

制做：

1. 白菜洗净，切丝；猪瘦肉洗净，切末；柚子肉切成小块。

2. 锅置火上，放入适量高汤煮沸后，再下猪肉末、白菜丝、柚子肉，用中火同煮10分钟至熟，加盐即可。

● 鲜蘑黄豆芽汤

主料：蘑菇、猪肉各50克，黄豆芽100克。

调料：植物油、酱油、醋、盐、白糖、香油、水淀粉、姜、高汤、料酒各适量。

制做：

1. 黄豆芽洗净，择去根部，沥干水分；蘑菇洗净，切片；姜洗净，切成细丝；猪肉洗净，切成丝。

2. 锅置火上，放入适量植物油烧热后，爆香姜丝，下入猪肉丝；用中火炒，肉变白色时放入黄豆芽、蘑菇片翻炒片刻。

3. 加高汤、酱油、料酒，以大火煮沸，转小火煮沸2分钟，待黄豆芽梗呈透明状时，加入醋、白糖和盐调味，用水淀粉勾芡，淋入香油即可。

小白菜冬瓜汤

主料： 小白菜 300 克，冬瓜 50 克。

调料： 盐少许。

制做：

1. 把洗净的小白菜去根，切成小段；冬瓜去皮洗净，切成小段。

2. 将水放入锅中，再将小白菜段和冬瓜段放入锅中，小火炖煮 10 分钟左右，加盐调味即可。

山药胡萝卜排骨汤

主料： 山药 200 克，胡萝卜、猪排骨各 100 克。

调料： 生姜 2 片，料酒、盐、葱、味精各适量。

制做：

1. 将山药、胡萝卜、猪排骨洗净，切成块，加水适量。

2. 锅置中火上，炖约 2 小时，将出锅时，调入料酒、盐、姜、葱，再煮 20 分钟，加入味精即成。可因人喜好添加其他作料，如能加入米醋，使其汤中钙质更易被吸收。

蜂蜜黄瓜汤

主料： 黄瓜 1 根。

调料： 蜂蜜 100 克。

制做：

1. 黄瓜洗净，去瓤，切成条。

2. 将黄瓜条加少许水煮沸，趁热加入蜂蜜，再煮沸即可。

聪明宝宝营养指南

● 黄豆芽排骨豆腐汤

主料：豆腐 1 盒，黄豆芽 200 克，排骨 400 克，青椒 150 克。

调料：高汤、香葱段、姜片、盐、胡椒粉各适量。

制做：

1. 豆腐洗净，切块；青椒洗净，去籽，切丝；黄豆芽洗净，备用。

2. 排骨洗净切小块，在锅中焯烫一下，冲去血水，捞出。

3. 将高汤煮沸，下排骨、黄豆芽、姜片，转小火，煮约 30 分钟，放豆腐、青椒丝，加入盐、胡椒粉、香葱段，搅匀即可。

● 胡萝卜牛肉汤

主料：牛腩 300 克，山楂 2 个，胡萝卜 100 克。

调料：植物油、姜片、葱段、料酒、盐、清汤各少许。

制做：

1. 牛腩洗净切块，焯水；胡萝卜洗净切块，过油；山楂洗净。

2. 砂锅放清汤、牛腩块、山楂、姜片、葱段、料酒焖煮 2 小时，放胡萝卜块再焖煮 1 小时，加盐调味即可。

营养经

青萝卜所含热量较少，纤维素较多，萝卜能诱导人体自身产生干扰素，增加机体免疫力。

● 苦瓜排骨汤

主料：排骨 350 克，苦瓜 100 克，陈皮 5 克。

调料：姜、盐、白糖、胡椒粉适量。

制做：

1. 将排骨洗净切段余水，苦瓜切块，陈皮洗净，姜切片待用。

2. 净锅上火，放入清水、姜片、陈皮、排骨，大火烧开转小火炖 30 分钟再放入苦瓜炖 20 分钟，放入盐、白糖、胡椒粉调味即成。

● 冬瓜乌鸡汤

主料：冬瓜 200 克，乌鸡 1 只，猪瘦肉适量。

调料：姜、盐各适量。

制做：

1. 冬瓜洗净，切块；姜洗净，切成片；乌鸡收拾干净，切成块；猪瘦肉洗净，切小块。

2. 锅中放水、乌鸡块、姜片，猪瘦肉，大火煮半小时；撇去浮沫，转中火煮 90 分钟，再将切好的冬瓜放入，用小火慢炖 30 分钟，最后放盐调味，即可。

● 菊花鱼片汤

主料：菊花 100 克，草鱼肉 300 克，冬菇 50 克。

调料：姜、葱、料酒、盐各适量。

制做：

1. 将菊花瓣摘下，用清水浸泡，沥干水分；鱼肉切成 3 厘米见方的鱼片；姜切片，葱切段。冬菇切片。

2. 汤锅内加入清汤，投入姜和葱，盖上盖子烧开后下入鱼片和冬菇，烹入少许料酒，等鱼片熟后，捞出冬菇、葱姜，再放入菊花、盐调味即可。

聪明宝宝营养指南

鸡茸玉米羹

主料：鸡脯肉 50 克，熟玉米粒 100 克，青豆 30 克。

调料：盐、鸡精、白糖、水淀粉、胡椒粉各适量。

制做：

1. 取一小碗，将鸡脯肉切成块，加胡椒粉、盐放入粉碎机中打成鸡茸备用，将玉米粒倒入粉碎机中，加少量水打成汁备用。

2. 坐锅点火加少量水，待水开后放入青豆、鸡茸和玉米汁，加盐、白糖、鸡精调味，用水淀粉勾芡即可。

荷香小笼海鲜嫩豆腐

主料：嫩豆腐一盒，海参 15 克，虾仁 15 克，蟹棒 20 克，青豆 15 克，鲜荷叶 1 张。

调料：蚝油、鸡粉、糖、酱油、料酒、小葱、胡椒粉、香油各适量。

制做：

1. 选新鲜荷叶焯水后剪成圆片放入蒸笼中。

2. 嫩豆腐从中切成两片铺在荷叶上。

3. 将海参、虾仁、蟹棒改刀成丁加盐、鸡粉、耗油、糖、料酒、胡椒粉、香油酱油、小葱花调好味加干淀粉抓均淋入少许葱油铺在豆腐上，入蒸箱蒸 7 分钟即可。

4. 蒸好取出后撒葱花淋热葱油即可。

奶油水果蛋羹

主料：鸡蛋、奶油各 100 克，苹果、黄桃、香蕉各 50 克。

调料：白糖适量。

制做：

1. 鸡蛋打散，加适量水搅拌均匀，上笼蒸 3 分钟至熟；苹果洗净，放入沸水中煮熟后，切成碎块；香蕉去皮，切成碎块；黄桃洗净，切成小块。

2. 将处理好的水果块倒入鸡蛋羹，再倒入奶油和白糖搅拌后即可。

竹笋肉羹

主料：牛肉（瘦）、冬笋各 100 克，午餐肉 20 克，鸡蛋清 30 克。

调料：酱油、胡椒粉、盐、香油、淀粉、大葱、料酒各适量。

制做：

1. 冬笋、午餐肉洗净，切成米粒，入沸水锅汆至冬笋断生，捞起沥干水分；牛肉去筋膜，洗净血水，剁成米粒。

2. 炒锅置火上，加入高汤，下牛肉粒、冬笋粒、午餐肉粒，烧沸后去尽浮沫；加入盐、酱油、胡椒粉、料酒，再下鸡蛋清拌匀；用湿淀粉勾芡，淋上香油，起锅装汤碗内，撒上葱末即可。

丝瓜杏仁排骨粥

主料：新嫩鲜丝瓜 40 克，排骨 100 克，大米 50 克，杏仁少许 10 克左右。

调料：生姜少许，盐适量。

制做：

1. 丝瓜洗净后去皮切片。杏仁热水去皮。排骨洗净热水焯一遍。大米洗净浸泡半小时。备用。

2. 向锅内依次放入适量清水、排骨、姜片。大火煮沸后转小火慢炖约 1 小时。

3. 向锅内加入大米、杏仁，中火煮沸依然转小火慢炖，再放入丝瓜及盐少许，10 分钟后关火出锅即可。

菠菜太极粥

主料：菠菜50克，大米100克。

调料：盐适量。

制做：

1. 菠菜择洗干净，在沸水中焯一下过凉，捞起，用纱布将菠菜挤出汁备用；大米淘洗净。

2. 锅内倒水煮沸，放入大米，煮沸后转小火，熬煮30分钟至黏稠。

3. 将煮熟的粥分为两份，一份米粥中调入菠菜汁，调匀并加入盐。

4. 在碗中放上S型隔板，将两份备好的粥分别倒入隔板两侧，待粥稍凝便可以去除隔板，在菠菜粥的2/3处点一滴白粥，在白粥2/3处点一滴菠菜粥即可。

香菇鸡肉粥

主料：鸡脯肉100克，鲜香菇3个，大米100克。

调料：西班牙橄榄油、盐、淀粉、胡椒粉适量。

制做：

1. 大米淘洗干净后用清水浸泡1小时。

2. 鸡脯肉切丝，用少许盐、淀粉、适量橄榄油拌匀，腌制30分钟，鲜香菇洗净切丝备用。

3. 锅中放入足量水烧开，放入浸泡后的大米和适量橄榄油，大火煮开后转小火继续煮20分钟。

4. 加入香菇丝煮5分钟，再加入鸡肉丝煮沸，调入适量盐、胡椒粉，搅拌均匀即可。

滑蛋牛肉粥

主料：牛里脊肉 60 克，鸡蛋 1 个，大米 100 克，高汤 500 毫升。

调料：盐、淀粉各适量。

制做：

1. 牛肉洗净，切片，再与少许盐、淀粉拌匀，腌约 10 分钟至软化入味；蛋打散成蛋液备用。

2. 取一深锅，倒入高汤、大米旺火煮开再转小火熬煮 40 分钟，放入牛肉片再煮 2 分钟，最后将蛋液淋在粥上，顺时针搅开即可。

鱼片蒸蛋

主料：草鱼 300 克，鸡蛋 250 克。

调料：小葱、精盐、生抽、胡椒粉、植物油各适量。

制做：

1. 草鱼宰杀治净，片取净肉切片，加入精盐、油拌匀。

2. 鸡蛋搅拌成蛋液，放精盐搅匀，倒入盘中。

3. 烧沸蒸锅，放入蛋用慢火蒸约 7 分钟再加入鱼片、葱粒铺放在面，续蒸 3 分钟关火，利用余热 2 分钟取出，淋生抽和油，撒上胡椒粉便成。

香菜米粥

主料：大米 150 克，香菜 50 克，猪瘦肉末 20 克。

调料：盐适量。

制做：

1. 大米淘洗干净，用水浸泡 30 分钟。香菜洗净，切碎。

2. 锅置火上，倒入适量清水、大米，大火煮沸后转小火，熬煮 30 分钟，倒入瘦肉末稍煮。

3. 将香菜末、盐放入粥中，略煮 5 分钟即可。

聪明宝宝营养指南

● 山药薏米红枣粥

主料：山药 200 克，薏米、大米各 100 克，红枣 6 颗。

调料：冰糖、蜂蜜各适量。

制做：

1. 将大米、薏米、红枣分别洗净，用水浸泡 1 小时；山药洗净，去皮，切块。

2. 锅置火上，倒入 800 毫升清水，加入大米、薏米，中火煮沸后，改小火煮至黏稠，再加入山药块和红枣，熬煮 20 分钟左右，放入冰糖，搅拌均匀，稍晾凉后再浇入蜂蜜即可。

● 黄豆南瓜粥

主料：黄豆 60 克，南瓜 50 克，薏米 100 克，鸡汤 800 毫升。

调料：盐适量。

制做：

1. 黄豆、薏米分别洗净，用清水浸泡 2 小时；南瓜洗净，去皮、瓤，切块。

2. 锅置火上，放入鸡汤、黄豆，大火煮沸后转中火，煮至黄豆酥软，加入薏米、南瓜块，大火煮沸后转小火熬煮至黏稠，加盐调味即可。

● 莲子山药紫米粥

主料：莲子 50 克，紫米 500 克，山药 25 克，鸡肉块 30 克。

调料：白糖适量。

制做：

1. 莲子、紫米分别洗净，放入清水中浸泡片刻；山药去皮，洗净，切块。

2. 锅内加入水、山药块、鸡肉块、紫米、莲子大火煮沸，再转小火熬至黏稠。

3. 粥熟后加入白糖，稍炖即可。

● 双豆百合粥

主料: 绿豆 100 克, 莲子、大米各 50 克, 鲜百合、红小豆各 30 克。

调料: 冰糖适量。

制做:

1. 绿豆、红小豆、大米分别洗净, 入水中浸泡 2 小时; 百合瓣成瓣洗净; 莲子去心, 洗净。

2. 锅内倒水煮沸, 放入绿豆、红小豆、莲子、大米, 先以大火煮沸, 再转用小火熬煮, 粥将煮好时放入百合煮至粥黏稠, 加入冰糖煮化即可。

● 核桃燕麦粥

主料: 燕麦 30 克, 大米 20 克, 核桃仁 15 克, 枸杞子少许。

调料: 白糖、牛奶各适量。

制做:

1. 燕麦、大米加适量清水浸泡 30 分钟以上。核桃仁、枸杞子洗净。

2. 锅置火上, 倒入适量的水、燕麦、大米、核桃仁、枸杞子, 用小火煮 20 分钟左右, 加入牛奶, 拌匀, 煮 15 分钟, 加入白糖搅匀即可食用。

● 红枣菊花粥

主料: 粳米 100 克, 红枣 50 克, 菊花 15 克。

调料: 红糖适量。

制做:

1. 将红枣洗净, 浸泡片刻; 粳米、菊花洗净。

2. 红枣、粳米、菊花一同放入锅内, 加清水适量, 煮粥。

3. 待粥煮至浓稠时, 放入适量红糖调味食用。

聪明宝宝营养指南

牛奶燕麦粥

主料：燕麦片 50 克，脱脂牛奶 15 克。

调料：白糖、精盐少许。

制做：

1. 将麦片在清水中浸泡半个小时以上。

2. 锅置火上，加适量清水下入麦片，用文火煮 15 ~ 20 分钟后，加入牛奶、盐继续煮 15 分钟左右，加入白糖搅拌即可。

营养经

燕麦含粗蛋白质达 15.6%，脂肪 8.5%，还有淀粉释放热量以及磷、铁、钙等元素，B 族维生素、尼克酸、叶酸、泛酸都比较丰富，特别是维生素 E，每 100 克燕麦粉中高达 15 毫克。

枸杞养生粥

主料：枸杞 50 克，粳米 150 克，矿泉水适量。

调料：盐适量。

制做：

1. 粳米用冷水泡 20 分钟洗净备用。

2. 枸杞用水洗净。

3. 锅加水烧开加入粳米煮 5 分钟加入枸杞同煮 20 分钟，粳米开花熟后加盐调好味即可。

营养经

枸杞子含有丰富的胡萝卜素、维生素 A、B1、B2、C 和钙、铁等眼睛保健的必需营养。枸杞子中的甜菜碱，可抑制脂肪在肝细胞内沉积、促进肝细胞再生，因而具有保护肝脏作用。

● 桂圆红枣粥

主料：桂圆肉 20 颗，红枣 20 颗，糯米 80 克。

调料：红糖适量。

制做：

1. 桂圆肉、红枣泡约 20 分钟，糯米淘干净。

2. 锅置火上，倒入适量的水，放入糯米、桂圆肉、红枣，先大火煮开，再转入小火煮成粥，加红糖调味即可。

● 紫米红豆粥

主料：红豆 30 克，大米 50 克，紫米 10 克。

调料：白糖适量。

制做：

1. 将所有主料清洗干净，沥去水分，放入煮锅中，加入适量凉水浸泡一小会儿。

2. 将浸泡好的主料捞出，煮锅中再加入 1000 毫升凉水，大火煮开，用汤勺把浮出的沫沫去除干净，然后转中小火慢慢熬煮。

3. 大约熬煮 50 分钟，直到粥本身煮软、汤汁黏稠为止，加入白糖调味即可。

营养经

红豆是高营养、多功能杂粮。煮熟后会变得非常柔软，而且有不同寻常的甜味。有生津、利尿、消胀、除肿、止吐的功效，具有良好的润肠通便、降血压、降血脂、调节血糖、解毒抗癌、预防结石、健美减肥的作用。

聪明宝宝营养指南

好吃小零食

玉米奶冻

主料：玉米粒 100 克，鲜奶 100 毫升，奶油 50 克。

调料：白糖 50 克。

制做：

1. 将玉米粒煮熟，鲜奶、白糖用温火煮开。

2. 加入奶油，拌匀。倒入凉杯内，放入冰箱冷却，即可。

赛香瓜

主料：大鸭梨 2 个，嫩黄瓜 1 根，山楂糕 200 克。

调料：白糖、香油适量。

制做：

1. 将黄瓜洗净后，切成细丝，放在盘中；将山楂糕切成细丝，放在黄瓜丝上。

2. 鸭梨洗净去皮，挖去内核后，切成细丝，放入盘中，与黄瓜丝、山楂糕丝轻轻掺拌均匀。

3. 将白糖均匀地撒入盘中，再滴几滴香油，拌一下即可。

营养经

此菜含有丰富的糖类、维生素 C 和多种有机酸、果胶和纤维素，而且，色泽美观、香甜脆爽。

4～6 岁聪明宝宝一直食谱

153

● 腰果酥

主料：美孜面 300 克，腰果 100 克，莲蓉馅 50 克，鸡蛋 2 个，黄油 150 克，芝麻 5 克。

调料：白糖适量。

制做：

1. 面粉加白糖、鸡蛋、黄油开成酥皮。

2. 腰果烤熟后压成粒加入莲蓉馅中备用。

3. 下剂包入馅捏成腰果形状即可。

4. 烤时表面刷一层薄薄蛋液，撒上芝麻烤熟即可。

制做关键：烤箱温度不宜过高，否则容易糊。

● 麻花

主料：面粉 500 克，芝麻少许。

调料：植物油、小苏打粉、白糖、盐各适量。

制做：

1. 把面粉倒入盆内，加植物油、小苏打粉、白糖、盐一起和好揉匀，放在面案盖上湿布饧 10 分钟，用刀割下一块，搓成长条，压成扁形，剁成小长方条，再搓成长条，将两头合拢拧上劲，折叠一下再拧上劲，如此重复二次形成八股，即成麻花。

2. 锅内将油烧到八成熟，将生麻花下入，炸到金黄色至熟即可。

● 红豆沙

主料：红豆 200 克。

调料：白砂糖适量

制做：

1. 提前一晚把红豆泡水，比较容易熟。把红豆放到高压锅，或者小锅里面煮，适量水，大火煮沸再调小火熬煮，至豆熟烂。

2. 把煮好的红豆放到干净的布里面，挤掉多余的水分，放进炒锅里面，再加入白糖，一直搅拌，直到水分都蒸发了，红豆泥变得黏稠即可。

聪明宝宝营养指南

椰香糯米糍

主料：糯米粉 500 克，澄粉 100 克，椰蓉 200 克，豆沙 300 克，红樱桃粒少许。

调料：白糖、黄油各适量。

制做：

1. 糯米粉、白糖，加水揉制成面团，稍饧。

2. 澄粉用沸水烫透，揉匀，加入和好的糯米团中，再加入黄油，揉至表面均匀有光泽，搓条，切成剂子。

3. 将剂子压扁，包入豆沙馅搓成椭圆形，放入圆盘中，上蒸锅蒸熟。

4. 取出裹上椰蓉，用红樱桃粒装点即可。

营养经

糯米是一种营养价值很高的谷类食品，除含蛋白质、脂肪、碳水化合物外，还含丰富的钙、磷、铁、维生素 B1、B2 等。中医认为，糯米性味甘温、入脾肾肺经，具有益气健脾、生津止汗的作用。

核桃干酪面包

主料：强力粉 500 克，鲜酵母 15 克，麦芽浆 25 克，熟核桃仁 150 克，鸡蛋 60 克。

调料：白糖、黄油、盐各适量。

制做：

1. 将强力粉、鲜酵母、麦芽浆、鸡蛋、白糖、盐投入调粉机内，低速搅拌 4 分钟，再中低速搅拌 3 分钟；加入黄油后继续中低速搅拌 4 分钟，然后用中高速搅拌 2 分钟，加入核桃仁混匀制成面团。

2. 面团在室温下发酵 60 分钟，加少许面粉揉匀，再继续发酵 30 分钟后切成小块，每块 50 克，搓圆后静置 30 分钟。

3. 用手将面团摆入烤盘，在温度 28℃条件下，发酵 70 分钟，然后将面包坯上边压上烤盘，放入 235℃的烤箱中烘烤 18 分钟。

● 驴打滚

主料：糯米粉 100 克，豆馅 750 克，黄豆粉 150 克。

调料：白糖、桂花各适量。

制做：

1. 糯米粉用水和成面团，蒸锅上火烧开，笼上铺湿布，将和好的面团放在蒸布上，盖上锅盖，上笼大火蒸 40 分钟。

2. 黄豆粉炒熟。白糖水、桂花对成糖桂花汁。

3. 将糯米面裹上黄豆粉，擀成片，抹上豆馅，卷成筒形，再切成小块，浇上糖桂花汁即可。

● 天使核桃蛋糕

主料：蛋清 400 毫升，粟粉 160 克，塔塔粉 5 克，细碎核桃仁 150 克。

调料：白糖、奶油、植物油各适量。

制做：

1. 蛋清倒入盆内快速搅打至七成发泡，加入白糖、塔塔粉搅至八成发泡，再加入粟粉、细碎核桃仁，搅匀成蛋糕糊。

2. 烤盘刷少许植物油，倒入蛋糕糊，刮平，置入炉温为上火 200℃、下火 160℃ 的烤箱中烘烤 20 分钟，取出晾凉，抹上打发的奶油，卷起切片即可。

聪明宝宝营养指南

枫叶饼干

主料：无盐黄油 100 克，枫糖浆 50 克，白糖 50 克，低筋面粉 200 克。

调料：抹茶粉、蛋液、植物油、糖、盐各适量。

制做：

1. 将黄油室温软化，加入糖搅拌均匀，再一点点加入蛋液拌匀，加入枫糖浆搅拌均匀。

2. 将黄油糊分成两份，一份加入 110 克低粉揉成面团，一份加入 90 克低粉和抹茶粉揉成面团，分别包保鲜膜冷藏 20 分钟。

3. 取出面团，案板撒粉后将面团擀开，用饼干模压出形状。小心取下饼干胚放入铺好油纸的烤盘中，用刻字模压出字母后放入 150 度预热的烤箱，烘烤 10 分钟即可。

虾酥

主料：大米 750 克，黄豆 300 克，河虾 100 克，韭菜 200 克。

调料：盐、五香粉、植物油各适量。

制做：

1. 大米、黄豆分别淘洗干净，放清水中浸泡 2 小时，磨成浓浆；虾洗净，剪去长须；韭菜洗净，切碎。

2. 浓浆盛入大盆中，加入韭菜碎、盐、五香粉拌匀成虾酥浆料。

3. 锅内倒入植物油，放进两把长柄铁勺烧热，取一把铁勺，在勺底放 2 只河虾，舀入一汤勺浆料盖在河虾上，中间拨开一个洞，放入油锅中炸制；再取另一把铁勺，重复以上操作，炸至虾酥两面呈金黄色，浮出油面，捞出沥干油即可。

● 杏仁酥虾卷

主料：虾仁、杏仁、菠萝、面皮、芹菜、面糊各适量。

调料：盐、胡椒粉、芥末、奶酪、色拉酱各适量。

制做：

1. 将面皮切成梯形状，放入虾仁、菠萝粒、奶酪，卷起后沾上面糊包成卷，沾上鸡蛋液后再裹一层杏仁，逐个制做完成。

2. 将做好的虾卷放入油中炸至两面金黄即可捞出，取一器皿，加入菠萝粒、芹菜末、色拉酱、芥末搅拌均匀，二者搭配食用即可。

● 绿豆奶酪

主料：绿豆30克，红小豆20克，鲜奶1袋，琼脂10克。

调料：白糖适量。

制做：

1. 绿豆、红小豆淘洗干净，放入高压锅中煮熟；琼脂用热水浸泡。

2. 鲜奶倒入锅中煮沸，加入白糖煮至溶化。

3. 另取锅倒入少许水煮沸，放入琼脂煮至溶化，将其倒入煮沸的奶中，小火煮3分钟后倒入玻璃碗中晾凉，待其凝固，上面撒上熟绿豆和熟红小豆即可。

● 奶酪三明治

主料：面包2片，火腿片1片，生菜2张，西红柿2片，奶酪片1片。

制做：

1. 生菜洗净，西红柿洗净切片，面包横切两半。

2. 面包在面包机烤1分钟。

3. 在面包上依次铺上火腿片、奶酪片、西红柿片、生菜即可。

聪明宝宝营养指南

● 巧克力蛋卷

主料：低筋面粉 630 克，粟粉 100 克，蛋黄 425 克，蛋清 1000 克。

调料：白糖 700 克，盐 5 克，可可粉 50 克，植物油 180 克。

制做：

1. 将 170 克白糖与盐、清水、可可粉、植物油搅化，倒入低筋面粉、粟粉搅拌均匀，再加入蛋黄拌匀，制成蛋黄糊，倒出待用。

2. 蛋清倒入搅拌缸内，中速搅至七成发泡，加入 530 克白糖，搅拌至八成发泡，制成蛋清糊。

3. 先取 1/3 蛋清糊和全部蛋黄糊搅拌均匀，再加入余下的蛋清糊搅拌均匀，倒入烤盘内，刮平，置入烤箱烤熟，出箱卷成条状即可。

● 牛肉情怀汉堡

主料：牛排肉 200 克，汉堡坯 1 个，洋葱圈适量，酸黄瓜末 5 克，奶酪 2 片。

调料：植物油、黑胡椒粒、白酒、沙拉酱、盐各适量。

制做：

1. 牛排肉加盐、白酒略微拍打后，在表面叉几个洞，把黑胡椒粒均匀搓在牛排上备用。

2. 油锅烧热，放入牛排肉煎至三分熟，放入烤箱烤熟，放凉后切片。

3. 在半个汉堡坯上放入牛排肉片、洋葱圈、酸黄瓜末、奶酪片和沙拉酱，盖上另一半汉堡坯即可。

● 鸡蛋布丁

主料：鲜奶 400 克，蛋 500 克。各式水果丁适量。

调料：砂糖 300 克，香草粉少许。

制做：

1. 先高火 5 分钟，将水煮沸，加入白糖充分搅拌成糖水。将糖水加蛋和鲜奶搅拌均匀。将一杯白糖混合半杯开水煮至金褐色，熬成焦糖。

2. 将煮好的焦糖倒入少许于模型内；再把调匀后的布丁材料倒于模型内。

3. 烤盘内加约 1/3 的温水，然后放进微波炉烤箱，用中火烤 15 分钟即可。

● 椰汁奶布丁

主料：椰汁、牛奶各 500 毫升，粟粉 180 克。

调料：白糖 500 克，植物油、蛋清、蓝莓各适量。

制做：

1. 蛋清倒入搅拌缸搅至充分发泡；粟粉与牛奶调成粉浆；小方盘刷一层植物油。

2. 锅内倒入适量椰汁、白糖、清水煮沸，离火，慢慢倒入粉浆，搅拌成面糊，再倒入蛋清，搅匀成椰汁奶糊，倒入布丁模中，上面放 4 颗蓝莓，放在小方盘上，置入烤箱烤熟即可。

● 黄桃雪梨布丁

主料：黄桃、雪梨各 1 个。

调料：白糖、琼脂各适量。

制做：

1. 黄桃、雪梨分别去皮、核，洗净，切块。

2. 锅内倒入清水、水果、白糖和琼脂大火熬煮 5 分钟，倒入布丁模中待冷却即可。

聪明宝宝营养指南

● 蛋奶土豆布丁

主料：土豆 250 克，奶油 50 克，鸡蛋 4 个。

调料：白糖 150 克。

制做：

1. 土豆洗净，切片，蒸熟，压成土豆泥。

2. 鸡蛋将蛋黄、蛋清分开，蛋清搅打至膨松，与土豆泥、蛋黄、白糖、奶油搅拌均匀即成土豆糊。

3. 将土豆糊舀入布丁模具内，置入炉温为 200℃的烤箱中烘烤约 15 分钟即可。

营养经

土豆含有丰富的维生素 C，优质淀粉含量约为 16.5%，还含有大量木质素等，被誉为人类的"第二面包"。其所含的维生素是胡萝卜的 2 倍、大白菜的 3 倍、西红柿的 4 倍，维生素 C 的含量为蔬菜之最。

如何为宝宝选择功能性食品

家长为宝宝选择功能性食品的食物应该要遵循什么原则，有什么注意事项呢？

一种食品如果可以令人信服地证明对身体的某种或多种机能有益处，有足够的营养效果改善健康状况或能减少患病，即可被称为功能性食品。我们日常所接触的功能性食品主要有两类，即富含某种对人体有益处的营养素的食物和营养素商品制剂。对于处于生长发育时期的宝宝是否需要添加功能性食品，要把握好两个要点，一是宝宝的生长发育特点和生理需要，二是各种功能性食品的作用。

铁

铁是血红蛋白和肌红蛋白的核心部分，也是细胞内许多酶的重要组成成分，如果铁供给不足，就会导致营养性缺铁性贫血及各种生理功能的失调。对婴幼儿来说，母乳中铁含量较低，而胎儿期从母体获得并储存在体内的铁会在出生后 6 个月左右消耗完毕，如果不能及时、足量地补充，宝宝就会出现易激动、爱哭闹、表情淡漠、对周围事物缺乏兴趣、注意力不集中、智力发育迟滞等症状。

补充铁：4 个月后添加辅食，可以给宝宝做些肉泥、肝泥、菠菜水等含铁高的食品，另外也可以喂他们一些强化"铁"的豆浆、奶粉、米粉等。含铁较高的食物主要有黑木耳、海带、发菜、紫菜、香菇、猪肝等，其次为豆类、肉类、血制品、蛋类等。其中肝脏、肉类、血制品中铁的吸收率较高。

锌

锌是 DNA 合成酶的主要成分，可以促进蛋白质的合成。宝宝缺锌，生长发育受阻可导致侏儒症。唾液淀粉酶含锌，小儿缺锌其味觉敏感度下降，引起食欲不振、厌食、异食癖。另外，缺锌还会引起智力低下，免疫力下降，容易生病。

补充锌：婴幼儿每日锌的摄入量为 6 ～ 10 毫克。鲜牡蛎、牛肉、鲜虾、羊肉、蛋黄等都是富含锌的食物。

钙

钙是构成骨骼、牙齿的重要成分，人体内所含的 99% 的钙都集中在骨骼和牙齿中。钙还可以维持神经肌肉的正常兴奋性。缺钙会影响孩子的体格发育，还会导致手足抽搐。

聪明宝宝营养指南

含钙高的食物主要是芝麻酱、虾皮、奶酪、鲜牛奶、豆制品、海带、荠菜、绿苋菜、油菜、芥菜等。

维生素 A

维生素 A 缺乏会影响孩子的视力发育，使他们在光线昏暗的地方看不清东西，由明转暗的适应时间延长，严重者可以导致夜盲症；另外还可以使眼睛、皮肤、毛发干燥。

补充维生素 A：正常维生素 A 的供给量婴儿每日 400 微克，幼儿每日 500 微克，学龄前儿童每日 600 微克。富含维生素 A 和胡萝卜素的食物有鱼肝油、肝脏、奶油、蛋黄，深色蔬菜和水果如胡萝卜、南瓜、紫甘蓝、菜花、红薯、杏、桃、甜瓜。

维生素 D

维生素 D 是一种与钙的吸收、代谢关系极为密切的营养素，而钙的吸收、利用好坏又直接关系着孩子骨骼、牙齿的发育。婴幼儿期生长旺盛，骨骼发育迅速，因此需要足量的维生素 D 才能保证生理需要。维生素 D 缺乏会引起宝宝烦躁，爱哭闹，睡觉容易惊醒，汗多，影响骨骼发育。

补充维生素 D：多晒太阳，促进皮肤中维生素 D 的合成。正常母乳喂养的宝宝于出生后 2 周开始每日口服维生素 D 400IU(国际单位)，早产儿每日 600 ~ 800IU。服用预防量到 2 ~ 3 岁即可，可以选择维生素 D 制剂，也可以选择鱼肝油 (同时富含维生素 D 与维生素 A)。肝脏、蛋黄是富含维生素 D 的食物。

维生素 K

维生素 K 是一种由肠道正常菌群合成的维生素，具有防止出血、促进凝血的作用。新生儿肠道无合成菌群并且母乳中含量又很低，所以 1 周以内的新生儿容易出现维生素 K 缺乏症。主要表现为广泛地出血，如果出血发生在颅内还可能危及生命。

补充维生素 K：出生后宝宝第 1 日及每隔 10 日口服维生素 K125 毫克一次，共 10 次。能添加辅食或能自主进食之后要多吃些绿色蔬菜、豆类、肝脏等富含维生素 K 的食物。

维生素 B1

维生素 B1 缺乏宝宝可能出现食欲不振、呕吐、消化不良、感觉障碍、四肢无力、心功能不全等症状。

补充维生素 B1：膳食不应该长期食用精米、精面，最好每周安排孩子吃几顿粗细搭配的主食；烹调时不宜加碱；饮食要全面合理；或口服维生素 B1，婴幼儿每日 0.6 毫克。

科学营养 补锌食谱

● 玛瑙豆腐

主料：嫩豆腐200克，咸鸭蛋1只。

调料：香油、精盐、味精、蒜蓉各少许。

制做：

1.将嫩豆腐放入漏勺内，投入沸水镬内稍烫一下后捞出，沥干水分，装入盘内。

2.把咸鸭蛋放锅内煮熟，剥去蛋壳后，用熟食刀板切成粗末，放在豆腐面上，然后放上精盐、味精、香油和蒜蓉，稍拌并对好口味即成。

● 鲜茄煮牛肉

主料：牛肉300克，西红柿200克。

调料：葱、洋葱、生抽、淀粉、盐、高汤、味精、白糖、植物油各适量。

制做：

1.牛肉洗净，切片，放入生抽、淀粉拌匀，用油煸炒后上盘待用。

2.西红柿洗净，切块；葱、洋葱分别洗净，切末。

3.油锅烧热，爆香葱末、洋葱末，再放入西红柿块，加盐、生抽、白糖和高汤煸炒，炒熟后起锅，淋在牛肉上，撒上味精即可。

聪明宝宝营养指南

● 炒三丝

主料：豆腐丝、韭菜、绿豆芽各 100 克。

调料：盐、味精、植物油各适量。

制做：

1. 绿豆芽洗净；韭黄洗净，切段备用。

2. 锅置火上，加入适量油烧热，倒入豆腐丝，迅速用菜勺搅开，放入绿豆芽煸炒一会儿，再放入韭菜段翻炒，加入盐、味精翻炒匀透，装盘即可。

● 三味蒸蛋

主料：鸡蛋 1 个，豆腐、鸡肉、胡萝卜各 50 克。

调料：海米汤、盐各少许。

制做：

1. 豆腐洗净，放入沸水锅中煮一下，捞出，沥干，放入碗内，研成碎末；鸡肉洗净，剁成末；胡萝卜去皮，去根、顶，洗净，用粉碎机研成末；鸡蛋打入碗内打散。

2. 将鸡肉末、豆腐末和胡萝卜末倒入蛋汁碗中搅匀，放入海米汤、盐，搅匀。

3. 将碗放入蒸锅内蒸 10 ～ 15 分钟即可。

● 虾酱鸡肉豆腐

主料：南豆腐 250 克，鸡肉 100 克。

调料：植物油、虾酱、盐、香油、葱花、香菜末各适量。

制做：

1. 豆腐洗净，放入沸水锅中煮 3 分钟，捞出晾凉，碾碎；鸡肉洗净，煮熟，切碎。

2. 油锅烧热，放入虾酱、葱花，放入豆腐碎、鸡肉碎，大火快炒 3 分钟，然后放盐调味。

3. 待豆腐炒至干松后，撒入香菜末和葱花，淋少许香油即可。

 酱烧鸭糊

主料: 鸭肉 750 克。

调料: 葱段、姜片各 50 克,甜面酱 75 克,植物油、酱油、料酒、盐、味精各适量。

制做:

1. 鸭肉洗净,切成小块。

2. 油锅烧热,放甜面酱炒出香味,把鸭块、料酒、酱油一起入锅煸炒,待鸭块上色后,加适量水,把盐、味精、葱段、姜片放入烧开,改为小火慢慢烧,等到鸭块酥烂时将汁收稠,即可装盘。

营养经

鸭的营养价值很高,可食部分鸭肉中的蛋白质含量约 16% ~ 25%,比畜肉含量高得多。鸭肉中的脂肪含量适中,比猪肉低,易于消化,并较均匀地分布于全身组织中。鸭肉是含 B 族维生素和维生素 E 比较多的肉类,对心肌梗塞等心脏病有保护作用,可抗脚气病、神经炎和多种炎症。与畜肉不同的是鸭肉中钾含量最高,还含有较高量的铁、铜、锌等微量元素。

爆炒鳝段

主料: 鳝段 400 克。

调料: 蒜末、姜末、葱花、植物油、淀粉、料酒、白糖、酱油、味精、醋、水淀粉各适量。

制做:

1. 鳝段洗净,去骨切片,拍上淀粉待用。

2. 油锅烧热,下鳝段滑散,炸至皮脆时捞出。

3. 底油烧热,下蒜末、葱花、姜末煸香,倒入鳝段略炒,加料酒、白糖、酱油、味精、醋炒匀,用水淀粉勾芡起锅即可。

营养经

鳝鱼中含有丰富的 DHA 和卵磷脂,它是构成人体各器官组织细胞膜的主要成分,而且是脑细胞不可缺少的营养。根据美国试验研究资料,经常摄取卵磷脂,记忆力可以提高 20%。故食用鳝鱼肉有补脑健身的功效。

● 干煎牡蛎

主料：牡蛎肉 400 克，鸡蛋 5 只。

调料：料酒、精盐、味精、葱末、姜末、猪油和香油各适量。

制做：

1. 将牡蛎肉去杂洗净，投入开水锅内氽一下捞出，沥去水；鸡蛋打入碗内，搅匀，再放入牡蛎肉、葱末、姜末、精盐和味精拌匀。

2. 锅置火上，放入猪油烧至四五成热，投入牡蛎肉煎至两面呈金黄色，熟透后烹入料酒，淋入香油，出锅装盘即成。

● 猪胰泥

主料：猪胰 1 个。

调料：盐、面粉、味精、植物油各适量。

制做：

1. 猪胰洗净切开后，用刀刮成泥状。

2. 加入适量油、盐、面粉、味精拌和，蒸熟即可食用。

● 苹果片

主料：苹果 1 个。

制做：

1. 苹果洗净，削皮，用刀切成薄片。

2. 蒸锅置火上，倒入适量水烧沸，放入苹果片隔水蒸熟即可。

● 鱼头补脑汤

主料：胖头鱼 1000 克，天麻 15 克，香菇（鲜）35 克，虾仁 50 克，鸡肉 50 克。

调料：胡椒、大葱、姜、盐各适量。

制做：

1. 鸡肉洗净切丁。

2. 将胖头鱼放入烧热的油锅内煎烧片刻。

3. 加入香菇、虾仁、鸡丁略炒。

4. 加天麻片和清水及猪油、葱、姜、盐、胡椒等调料煮开后约 20 分钟即成。

● 蛤蜊蛋汤

主料：蛤蜊肉 800 克，鸡蛋 1 个，笋片 25 克，水发木耳 15 克。

调料：盐、料酒各适量。

制做：

1. 锅中放清水烧开，放蛤蜊煮至张开；取出蛤蜊肉，去内脏洗净，锅中水澄清，滗出待用。

2. 蛤蜊水倒入锅中，加笋片、木耳、盐、料酒，烧至沸；放入蛤蜊肉，倒入蛋液，加味盐调味即成。

● 三豆粥

主料：黑豆、绿豆、赤豆各 30 克。

调料：白糖适量。

制做：取黑豆，绿豆，赤豆各等量混合在一起，用水洗净放入锅内，加适量水，先用大火煮沸，再转小火煮烂，加适量白糖调味即可。

聪明宝宝营养指南

● 栗子羹

主料： 板栗 250 克，红枣 20 颗。

调料： 淀粉、白糖少许。

制做：

1. 板栗放入冷水锅中煮熟，趁热去壳和膜，再上蒸笼蒸酥，切成豆粒大小；红枣泡软后去皮、去核待用。

2. 在锅内加入 400 克水，烧沸加白糖、栗肉、红枣，再烧沸改小火煮 5 分钟，用淀粉勾芡，用勺搅匀即可。

营养经

板栗中含有大量淀粉、丰富的蛋白质、脂肪、B 族维生素等多种营养成分，对宝宝大脑发育很有好处。做成栗子羹后香气袭人，酥糯香甜，是宝宝非常喜欢的食物。

● 肝菜蛋汤

主料： 羊肝 200 克，菠菜 100 克，鸡蛋 1 个。

调料： 盐、味精、葱花、姜末、植物油、羊肉汤各适量。

制做：

1. 羊肝洗净，切片；菠菜择洗净，切成段，焯烫；鸡蛋磕入碗中搅匀。

2. 油锅烧热，煸香葱花和姜末，加入羊肝片煸炒一下，倒入羊肉汤和盐煮到羊肝片熟烂。

3. 把菠菜段和鸡蛋液倒入锅中煮熟，撒入味精调味即可。

营养经

羊肝含铁丰富，铁质是产生红血球必需的元素，一旦缺乏便会感觉疲倦，面色青白，适量进食可使皮肤红润；羊肝中富含维生素 B2，维生素 B2 是人体生化代谢中许多酶和辅酶的组成部分，能促进身体的代谢；羊肝中还含有丰富的维生素 A，可防止夜盲症和视力减退，有助于对多种眼疾的治疗。

● 淡菜瘦肉粥

主料：淡菜 10 克，猪瘦肉 50 克，大米 100 克。

调料：干贝、葱末、姜末、盐各适量。

制做：

1. 淡菜、干贝分别洗净，用水浸泡 12 小时，捞出；猪瘦肉洗净，切末；大米淘洗干净，放入清水中浸泡 1 小时。

2. 将葱末、姜末拌入瘦肉末中，搅匀。

3. 锅置火上，加入适量清水煮沸，放入大米、淡菜、干贝、猪瘦肉末同煮，等大米煮烂后，加入盐调味即可。

● 猪肉青菜粥

主料：粳米、青菜各 50 克，猪肉 30 克。

调料：植物油、姜末、酱油、盐各适量。

制做：

1. 粳米淘洗干净，用冷水浸泡半小时，捞出，沥干水分；青菜洗净，切成蓉；猪肉洗净切末。

2. 锅内下入适量植物油烧热，放入猪肉末炒散，加入酱油和冷水，再将粳米放入，先用旺火煮沸，再改用小火煮至粳米熟烂，最后将菜末、姜末加入略煮，以盐调味，再稍焖片刻，即可盛起食用。

● 芝麻核桃粉

主料：核桃肉 500 克，黑芝麻、桂圆肉各 125 克。

调料：蜂蜜适量。

制做：

黑芝麻、核桃仁、桂圆肉各等份，炒熟，研成细末，装于瓶内。每日 1 次，每次 30 克，加蜂蜜适量，温水调服即可。

聪明宝宝营养指南

● 虾仁青豆饭

主料：虾仁 300 克，青豆 100 克，大米 200 克。

调料：盐、料酒各适量。

制做：

1. 虾仁用清水洗净，放入盘中，加入盐、料酒腌渍 15 分钟。青豆洗净，在沸水锅中焯 5 分钟左右；大米洗净，放入清水中浸泡 1 小时。

2. 大米放入电饭煲中，加入适量清水，虾仁、青豆放在大米上面，按下开关，焖 20 分钟左右，开关跳过后，再焖 10 分钟左右即可。

宝宝特效功能食谱

科学营养 补铁食谱

铁是人体最容易缺乏的必需微量元素，铁缺乏可导致缺铁性贫血，它被世界卫生组织确定为世界性营养缺乏病之一，也是我国主要公共营养问题。因此，密切关注宝宝补铁的营养问题是必要的。

● 山药菠菜汤

主料： 山药 20 克，菠菜 300 克，猪瘦肉 100 克。

调料： 植物油、盐、味精各适量。

制做：

1. 山药发透，切薄片；菠菜洗干净，去泥砂，切成 4 厘米长的段；猪肉切片。

2. 将炒锅置武火上烧热，加入植物油，烧至六成热时，下入猪瘦肉，炒变色，加入水适量，烧沸，下入山药，煮 20 分钟，下入菠菜煮熟，加入盐、味精即成。

营养经

菠菜茎叶柔软滑嫩、味美色鲜，含有丰富维生素 C、胡萝卜素、蛋白质，以及铁、钙、磷等矿物质。

● 蛋黄羹

主料： 煮鸡蛋黄 1 个，肉汤 40 克。

调料： 精盐少许。

制做：

1. 将熟蛋黄放入碗内研碎，注意蛋黄要研碎、研匀，不能有小疙瘩。加入肉汤研磨至均匀光滑为止。

2. 将研磨好的蛋黄放火锅内，加入精盐，边煮边搅拌，混合均匀。

营养经

蛋黄含有卵磷脂，有营养大脑作用。婴儿食用，有利大脑的发育。

猪肝粥

主料： 大米 100 克，猪肝 150 克。

调料： 植物油、盐、料酒、淀粉、葱花、姜末各适量。

制做：

1. 将大米拣去杂物，淘洗干净；猪肝洗净，切成约0.3厘米厚的长方薄片，装入碗内，加淀粉、葱花、姜末、料酒和少许盐，抓拌均匀，腌上浆。

2. 锅置火上，放油烧至五六成热，分散投入猪肝片，用筷子划开，约1分钟，至猪肝半熟，捞出控油。

3. 另用一锅上火，放水烧开，倒入大米，再开后改用小火熬煮约30分钟，至米涨开时，放入猪肝片，继续用小火煮10～20分钟，至米粒全部开花，肝片酥熟，汤汁变稠，加味精和余下的盐，调好口味即可。

清蒸肝糊

主料： 猪肝 125 克，鸡蛋半个。

调料： 香油、精盐、葱花各适量。

制做：

1. 将猪肝去掉筋膜，切成小片，和葱花一起炒熟，盛出剁成细末。

2. 将猪肝末放入碗内，加入鸡蛋液、清水、精盐、香油搅匀，上屉用旺火蒸熟即成。

黑芝麻小米粥

主料： 黑芝麻 30 克，小米 100 克。

调料： 冰糖适量。

制做：

1. 先将黑芝麻炒熟、碾碎，小米洗净。

2. 锅里放清水，烧开后放入小米、黑芝麻粉，以小火熬煮；待粥熟后放入冰糖煮化即成。

● 胡萝卜炒羊肉丝

主料：羊肉 100 克，胡萝卜 250 克，香菜 50 克。

调料：葱、生姜、精盐、香油、绍酒、味精、生粉、植物油各适量。

制做：

1. 将羊肉洗净切丝腌制好，胡萝卜去皮切丝，香菜切段，生姜切片，葱切段。

2. 锅内加水烧开，放入羊肉、绍酒煮片刻，胡萝卜也用沸水煮片刻，捞起滤水待用。

3. 烧锅下油，放入姜丝、羊肉丝、胡萝卜丝、香菜，攒入酒稍爆，调入精盐、味精，下湿生粉勾芡，最后下香油，撒上葱段即可。

● 芹菜牛肉丝

主料：牛里脊肉丝 150 克，芹菜 100 克，鸡蛋 1 个（取蛋清）。

调料：植物油、料酒、味精、酱油、香油、盐、水淀粉、葱段各适量。

制做：

1. 牛里脊肉丝用料酒、盐、香油、蛋清、水淀粉搅上劲，入油锅滑散。

2. 芹菜洗净，切段，入沸水中焯烫，捞出。

3. 油锅烧热，煸香葱段，放入牛肉丝、芹菜段，倒入料酒、酱油、味精煸炒均匀即可。

● 肉末炒芹菜

主料：猪瘦肉 250 克，芹菜 100 克。

调料：植物油、酱油、盐、料酒、葱、姜各适量。

制做：

1. 猪肉洗净，剁成末，芹菜去根、叶，洗净，切成末，用沸水焯一下，捞出沥干；葱、姜分别洗净，切成末。

2. 锅置火上，加入植物油烧热，放入葱姜末煸香，放入肉末翻炒几下，加入酱油、盐、料酒翻炒几下，再放入芹菜末翻炒至熟即可。

聪明宝宝营养指南

● 香菇烧豆腐

主料：嫩豆腐 500 克，香菇 50 克，素汤汁适量，酱油 10 克。

调料：香油、精盐、味精各适量。

制做：

1. 将嫩豆腐切成约 2 厘米见方的小块，用沸水焯后，捞出待用。注意时间不宜长，火开后立即捞出，以免老化。

2. 把香菇削去根部黑污，洗净，放入沸水中焯 1 分钟，捞出，用清水漂凉，切成片。

3. 在砂锅内放入豆腐、香菇片、盐和素汤汁（浸没豆腐为准），用中火烧沸后，移至小火上炖约 12 分钟，加入酱油、味精，淋上香油即成。

● 香煎鳕鱼片

主料：净鳕鱼片 300 克左右。

调料：老抽、料酒、白糖、盐、胡椒粉、黄油各适量。

制做：

1. 把鳕鱼肉洗净，用厨房纸巾擦干水分，再用上述的调料把鳕鱼肉腌制半个小时左右。

2. 用平底锅开小火，等锅烧干以后放入黄油融化，然后轻轻地摇晃平底锅，让黄油均匀地铺在锅底。

3. 等黄油化开以后，轻轻地放入腌好的鳕鱼肉，肉厚的那一面朝下，不要着急翻动，等到朝上的那一面有点变色了以后，再轻轻地给鳕鱼翻个面，动作一定要轻，鳕鱼肉特别容易碎，翻面以后再煎个 5 分钟左右即可。

宝宝特效功能食谱

清蒸鲜鱼

主料：鲜鱼 1 条，火腿丝 30 克，香菇 50 克。

调料：香油、大葱、姜、酱油、盐、料酒各适量。

制做：

1. 鲜鱼清洗干净，葱、姜、火腿、香菇切细丝。

2. 鱼背上剁斜刀，入开水锅中烫一下，去腥。捞出后放盘中，将葱、姜、火腿、香菇丝塞入花刀内和鱼腹中，淋上酱油、料酒、盐和香油少许，上锅蒸熟即可。

手抓饭

主料：大米 500 克，胡萝卜、土豆、洋葱各 100 克。

调料：植物油、盐适量。

制做：

1. 大米用水泡半个小时，土豆切小块，胡萝卜切丁或丝，洋葱切丁。

2. 锅里放油，放入洋葱炒出香味，加适量清水，放盐、土豆、胡萝卜一起翻炒。

3. 把炒好的菜，全部倒入电饭锅，把泡好的米饭均匀撒在上面一层，1：2 比例为好，焖 20 分钟即可食用。

珍菌芥菜丸子

主料：猪肉馅 150 克，杏鲍菇片 50 克，草菇 25 克，枸杞 2 克，芥菜汁 30 克，鸡蛋 1 只。

调料：葱姜、盐、鸡粉、料酒、淀粉各适量。

制做：

1. 将芥菜叶洗净焯水切碎。

2. 猪肉馅加入盐、葱、姜米、鸡蛋、淀粉和少量的水打上劲，加芥菜搅拌均匀挤出小丸子，入热水中氽熟小丸子捞出备用。

3. 锅内加少许清汤放入小丸子加盐、鸡粉调好味勾芡即可。

● 酱香鸭

主料：净鸭 1 只。

调料：大红曲粉、糖色、老抽、精盐、味精、葱段、姜片、白糖、鲜汤、香油、香料包 1 个。

制做：

1. 将鸭子剁去掌和鸭尖，用温水浸泡后刮洗干净。

2. 锅内放入清水，加上红曲粉烧沸，放入鸭子焯烫走红（外皮呈红色），捞出沥干。

3. 锅内放入鲜汤，加入糖色、老抽调好色泽，再加入葱段、姜片、精盐、味精、香料包，烧开后打净浮沫，煮20分钟即成酱汤。

4. 将鸭子放酱汤锅中，中火烧开转入小火酱煮1.5小时，取出沥汁晾干，摆在熏箅上。放入熏锅内，用白糖熏上色，取出后刷上一层香油即可。

● 鸡汤红枣煨冬瓜

主料：冬瓜 350 克，大枣 15 克，鸡汤 300 克。

调料：葱、姜、蚝油、老抽、鸡粉、糖、水淀粉各适量。

制做：

1. 将冬瓜去皮改刀成长约 5 厘米的条焯水。

2. 大枣用水泡软备用。

3. 锅内放入少许油煸香葱姜，放蚝油、老抽、鸡粉、糖、鲜鸡汤、冬瓜、大枣小火煨至冬瓜软，成半透明状再勾芡即可。

● 芹菜兔肉煲

主料：兔肉 100 克，芹菜 100 克，鲜香菇、水发木耳各 30 克。

调料：姜、大葱、淀粉、酱油、盐、白砂糖、香油、米酒各适量。

制做：

1. 兔肉洗净，切块，用湿淀粉、酱油、盐、糖腌制。

2. 芹菜去根、叶，洗净，切段，放入热油锅内炒熟待用。

3. 冬菇摘净，浸发；黑木耳浸发，去菌杂质，再用清水漂洗，并用少许精盐、白糖、米酒、香油拌匀。

4. 起油锅，下姜葱爆香，爆过兔肉，放入米酒、清水少许，调味，与冬菇、木耳一齐盛入瓦锅内，文火煮至兔肉熟，加入刚炒熟的芹菜，调味，原煲供用，随量食用。

● 茄子炒牛肉

主料：茄子 250 克，牛肉 150 克，青、红辣椒 50 克。

调料：蒜头、生姜、葱、上汤、沙茶酱、辣椒酱、生抽、米酒、香油、胡椒粉、味精、水淀粉各适量。

制做：

1. 茄子切厚片，牛肉切薄片后加少量生抽、味精、生粉、水腌制好待用，青、红辣椒切片，蒜头、生姜切末，葱切段。

2. 烧锅下油，放入茄子煎至两面成浅金黄色，调味出锅滤去余油。

3. 烧锅下油，放入蒜、姜末、青红辣椒片、米酒爆香，加入腌好的牛肉片、上汤及上述调味料快炒至变色，再放入茄子炒匀，加入水淀粉勾芡，出锅前再加入葱段。

黑木耳煲猪腿肉

主料：猪腿肉块 300 克，水发黑木耳 40 克，红枣 10 克，桂圆、姜片、枸杞子各 5 克。

调料：清汤、盐、味精、料酒、胡椒粉各适量。

制做：

1. 黑木耳洗净，撕小朵；红枣、桂圆、枸杞子分别洗净；猪腿肉块入沸水中焯烫。

2. 锅内加入猪腿肉块、料酒、黑木耳、红枣、桂圆、枸杞子、姜片、清汤，煲 2 小时，调入盐、味精、胡椒粉，再煲 15 分钟即可。

蚕豆炖牛肉

主料：牛肉 500 克，蚕豆 250 克。

调料：生姜、葱、精盐、绍酒各适量。

制做：

1. 牛肉洗净切块，蚕豆洗净，生姜切片，葱切段。

2. 锅内加水烧开，放入牛肉稍煮片刻，去清血污，捞起待用。

3. 将牛肉、蚕豆、姜片、葱段、绍酒放入砂锅内，加入清水，用中火炖约 3 小时，调入精盐即成。

木耳炒瘦肉

主料：鲜木耳 80 克，瘦肉 30 克，小瓜 20 克。

调料：生姜、花生油、盐、白糖、味精、湿生粉、熟鸡油各适量。

制做：

1. 鲜木耳洗净切片。瘦肉、小瓜切片，生姜去皮切片。

2. 瘦肉加入少许盐、味精、湿生粉腌好，再烧锅下少许油，把瘦肉倒入锅内，炒至八成熟倒出。

3. 另烧锅下油，放入姜片、小瓜片、木耳、盐炒至快熟，加入肉片，调入味精、白糖，用中火炒匀，再用湿生粉勾芡，淋入熟鸡油即成。

香菇炒猪肝

主料： 香菇 30 克，新鲜猪肝 200 克，黑木耳 20 克。

调料： 葱花、姜末、料酒、精盐、味精、酱油、红糖、五香粉、淀粉、香油、植物油各适量。

制做：

1. 先将香菇、黑木耳分别洗净，温水中泡发。胀发后，捞出，浸泡水勿弃，待用。

2. 将香菇洗净后切成片状，黑木耳撕成花瓣状，洗净，待用。

3. 将猪肝洗净，除去筋膜，切成片，放入碗中，加葱花、姜末、料酒、湿淀粉，搅拌均匀，待用。

4. 将炒锅置于火上，加入植物油烧至六成热，投入葱花、姜末进行翻炒，出香后即投入猪肝片。再以急火翻炒，加入香菇片及木耳，继续翻炒片刻；加入适量的鸡汤或鲜汤，及香菇、木耳浸泡液的滤汁。再加入精盐、味精、酱油、红糖、五香粉等配料，以小火煮沸，用湿淀粉勾芡，淋入香油即成。

桂圆木耳红枣羹

主料： 桂圆 50 克，黑木耳 5 克，红枣 10 颗。

调料： 红糖适量。

制做：

1. 黑木耳用水泡发后洗净撕成小块，红枣切开去核。桂圆剥去外壳后，放入热水中浸泡一会，比较容易去掉核。

2. 锅中加水煮开，放入桂圆肉、黑木耳、红枣转小火煮约 30 分钟，加红糖稍煮即可。

胡萝卜小米粥

主料：小米 100 克，胡萝卜 100 克，矿泉水适量。

制做：

1. 小米洗净，胡萝卜去皮切丝。

2. 把水烧开加入小米和胡萝卜丝同煮 15 分钟，小米软糯即可。

营养经

小米中含蛋白质、脂肪、碳水化合物这几种主要营养素含量很高，而且由于小米通常无须精制，因此保存了较多的营养素和矿物质，其中维生素 B1 含量是大米的几倍，矿物质的含量也高于大米，小米还含有一般粮食中不含有的胡萝卜素。

海参蒸蛋羹

主料：鸡蛋 4 个，牛奶 200 克，海参 50 克。

调料：盐、香油各适量。

制做：

1. 将海参洗净改刀成小丁焯水备用。

2. 取容器放入蛋液打散加三倍的水放入盐、海参丁入蒸箱中蒸熟淋香油即可。

宝宝特效功能食谱

● 蟹黄珍菌嫩豆腐

主料：嫩豆腐1盒，蟹味菇50克，青红椒20克，鸡油20克。

调料：葱、姜、盐、鸡粉、水淀粉各适量。

制做：

1. 将嫩豆腐改刀成大块。

2. 蟹味菇去根洗净焯水。

3. 青红椒切成丁。

4. 锅烧热爆香葱姜，放入适量清汤加入豆腐、蟹味菇和青红椒、盐、鸡粉调好味烧开，豆腐入味后勾芡，淋少许鸡油即可。

营养经

现代医学证实，豆腐除有增加营养、帮助消化、增进食欲的功能外，对齿、骨骼的生长发育也颇为有益，在造血功能中可增加血液中铁的含量，是儿童、病弱者及老年人补充营养的食疗佳品。

● 凉拌海蜇黄瓜丝

主料：海蜇100克，嫩黄瓜150克。

调料：香油、酱油、香醋、精盐、味精各适量。

制做：

1. 嫩黄瓜洗净后切成丝，装入盘底。

2. 海蜇漂洗干净后，切成丝撒在黄瓜丝上。

3. 精盐、香油、香醋、酱油和味精放一起调好口味，浇在海蜇黄瓜丝上即成。

干煎明虾

主料：剪净的明虾 200 克。

调料：姜汁、淡汤、精盐、白糖、番茄汁、胡椒粉、料酒、油、香油等适量。

制做：

1.剪净的大明虾切成段；汤中加入茄汁、白糖、精盐、胡椒粉调成芡汁。

2.烧锅下油，把虾煎至呈金黄色，加入料酒、淡汤、姜汁，加入芡汁，煎干后，加香油拌匀装盘。

碧绿虾滑

主料：虾滑 250 克，甜蜜豆 150 克，红椒片 5 克。

调料：盐、鸡粉、料酒、水淀粉、葱姜油、香油、干生粉各适量。

制做：

1.将鲜基围虾去皮，背部片开，粘上干淀粉用平锤砸成薄片，入热水中余熟捞出放凉水中快速降温。

2.将蜜豆去皮端洗净；红椒改刀象眼片，焯水备用。

3.锅内放底油爆香葱姜放入虾滑、蜜豆、红椒翻炒，加盐、鸡粉、料酒调好味，大火翻炒均匀至熟，出锅前点少许香油即可。

金钩黄瓜

主料：海米 10 克，嫩黄瓜 250 克。

调料：香油、精盐、味精各适量。

制做：

1.海米放入碗内，加入少许清水，隔水蒸至酥透时取出，放一边备用。

2.将黄瓜洗净，切去两头后切成片，用盐腌渍片刻，滤去盐水，拌入少许味精，浇上备的海米和水，淋上香油后即成。

● 香椿芽拌豆腐

主料：豆腐 50 克，鲜嫩香椿芽 20 克。

调料：香油、盐各适量。

制做：

1. 将香椿芽洗净后，用沸水焯烫，捞出，沥水，切成细末。

2. 将豆腐洗净，切成小丁，焯烫后捞出，沥水。

3. 将豆腐丁放入碗中，加入香椿芽末、盐、香油拌匀即可。

此菜含有丰富的大豆蛋白质、脂肪酸以及钙、磷、铁等矿物质，还含有较丰富的胡萝卜素、维生素 B2 和维生素 C，对宝宝发育有重要作用。

● 海米上汤娃娃菜

主料：娃娃菜 500 克，虾米 50 克，皮蛋 1 个。

调料：蒜、姜、盐、高汤、植物油各适量。

制做：

1. 娃娃菜去老帮、老叶，洗净；皮蛋去壳，切碎；虾米洗净，用温水浸发；蒜去皮，洗净，切片；姜洗净，切丝。

2. 锅置火上，放入植物油，烧至七成热时放入蒜片、虾米、皮蛋、姜丝小火煎香，加入高汤、盐大火煮沸，放入娃娃菜烧沸即可。

● 糖醋藕片

主料：鲜藕 200 克。

调料：白糖 20 克，醋 10 克，香油 4 克。

制做：

1. 将藕刮去外皮，切去藕节，洗净后，用开水烫 3 分钟捞出。

2. 将藕切成小片，放入盆内，加入白糖、醋、香油，拌匀即成。

聪明宝宝营养指南

● 桃仁嫩鸡丁

主料：鸡丁 250 克，鲜桃仁 100 克，青红椒 50 克，鸡蛋 1 只。

调料：葱、姜、盐、味精、料酒、水淀粉、胡椒粉、香油各适量。

制做：

1. 将鸡胸肉改刀成丁，青红椒改刀成象眼片。

2. 将鸡丁加入盐、料酒、淀粉上浆。

3. 锅内放入油烧热滑熟鸡丁放入桃仁、青红椒一起拉油捞出。

4. 留底油煸香葱姜放入滑好的鸡丁桃仁和青红椒烹入料酒，加盐、味精、胡椒粉调好味炒熟，勾少许欠淋香油即可。

营养经

鸡肉蛋白质含量较高，且易被人体吸收利用，有增强体力、强壮身体的作用。此外，鸡肉还含有脂肪、钙、磷、铁、镁、钾、钠，及维生素 A、B1、B2、C、E 和烟酸等成分。

● 焖冬瓜

主料：冬瓜 250 克，猪瘦肉 50 克。

调料：姜末、葱花、蒜泥、大料、香油、水淀粉、生抽、植物油、盐各适量。

制做：

1. 冬瓜去皮籽，在皮面上剞上花刀，切成块；猪瘦肉洗净切丝，用盐和料酒，水淀粉抓匀。

2. 将冬瓜的皮面向下放入锅中，小火煎。加入八角、少许油煎至冬瓜成金黄色。

3. 将煎好的冬瓜扒在锅边，中间放油，下入姜葱末炒香，放入猪肉丝，炒至变色；将肉丝和冬瓜翻炒，加入盐，生抽，再加入适量的水，焖至冬瓜软烂，加入蒜泥，汤汁收干，淋少许香油出锅即可。

宝宝特效功能食谱

● 糖醋红曲排骨

主料: 排骨 500 克。

调料: 红曲 5 克，白醋、料酒、盐、白糖、大料、油、葱花、姜末各适量，胡椒粉少许。

制做:

1. 排骨洗净，剁成 3 厘米见方的小块，倒入料酒、大料、葱、姜、盐、胡椒粉，拌匀腌制 20 分钟，入油锅中炸至五成熟捞出，入开水锅中，漂去油质备用。

2. 锅置火上注水，投入沥干水分的排骨，加入糖、料酒、白醋、红曲，至烂熟时，用旺火把卤汁收干即可。

● 虾皮韭菜炒鸡蛋

主料: 鸡蛋 2 个，韭菜 25 克，虾皮 15 克。

调料: 植物油、盐各适量。

制做:

1. 韭菜择好，洗净，切末；鸡蛋打入碗内，打散；虾皮用清水洗净。

2. 将虾皮、韭菜末放入装有鸡蛋液的碗中，加入适量盐调味，用筷子搅拌均匀。

3. 锅置火上，放入植物油，烧至七成热时，将鸡蛋液倒入，快速翻炒至熟即可。

● 清蒸大虾

主料: 大虾 500 克。

调料: 香油、料酒、酱油、醋、高汤、葱、姜、花椒各适量。

制做:

1. 大虾洗净，剁去脚、须，去皮摘除沙袋、沙线和虾脑，切成 4 段；葱择洗干净切条；姜洗净一半切片，一半切末。

2. 将大虾摆在盘内，加入料酒、葱条、姜片、花椒和高汤，上笼蒸 10 分钟左右取出，拣去葱条、姜片、花椒，然后装盘。

3. 用醋、酱油、姜末和香油兑成汁，供蘸食。

聪明宝宝营养指南

● 滑蛋牛肉

主料：牛肉 200 克，鸡蛋 5 个。

调料：植物油、食盐、生抽、香油、淀粉、小葱、白糖、胡椒粉、苏打粉各适量。

制做：

1. 牛肉用刀背拍松，切成薄片，加生抽、糖、葱花、苏打粉、淀粉、少许清水、香油上浆腌制 30 分钟；鸡蛋打散，加入葱花、盐、胡椒粉、香油、少许清水调匀备用。

2. 炒锅中倒入植物油，烧至四成热时下牛肉片至 8 分熟，捞出。将炒好的牛肉倒入鸡蛋液中拌匀。

3. 锅中留少许油烧至温热，倒入已拌匀蛋液的牛肉，边炒边加油，炒至蛋液还没完全凝固时关火，最后淋入香油炒匀即可出锅。

● 板栗扒娃娃菜

主料：娃娃菜 350 克，板栗 100 克，奶汤 200 克。

调料：盐、鸡粉、鸡油、白糖、水淀粉各适量。

制做：

1. 将娃娃菜去掉老叶留嫩心，底部打十字刀焯水至熟后撕开码放盘中。

2. 板栗加少许清水，加白糖蒸软，去汤码放娃娃菜上。

3. 锅内放入奶汤加盐、鸡粉、鸡油调好味大火烧开后勾茨淋在娃娃菜上即可。

营养经

娃娃菜味道甘甜，价格比普通白菜略高，营养价值和大白菜差不多，富含维生素和硒，叶绿素含量较高，具有丰富的营养价值。

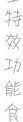

● 三丝银鱼羹

主料：银鱼 100 克，水发香菇丝 20 克，豆腐丝 15 克，杏鲍菇丝 20 克，枸杞 2 克，鸡汤 500 克。

调料：盐、鸡粉、胡椒粉、水淀粉、香油各适量。

制做：

1. 将银鱼焯淡盐水备用。

2. 香菇与杏鲍菇切成丝焯水备用。

3. 嫩豆腐切成丝焯水备用。

4. 锅内放入鸡汤加入焯好水的原料，加盐、鸡粉烧开放少许胡椒粉勾芡淋香油即可。

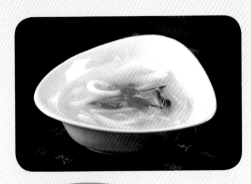

营养经

银鱼是极富钙质、高蛋白、低脂肪食的鱼类，基本没有大鱼刺。据现代营养学分析，银鱼营养丰富，具有高蛋白、低脂肪之特点。

● 牛奶土豆泥

主料：土豆 1 个，牛奶 250 毫升。

调料：精制油、鲜汤、盐各适量。

制做：

1. 土豆水煮，酥熟后去皮，用刀压制成泥，加入盐和牛奶搅拌均匀。

2. 炒锅上火，放入精制油适量，放入土豆泥和适量鲜汤，炒至不粘锅加盐调味即可。

● 莲子鲜奶露

主料：浸发莲子 4 克，鲜牛奶 50 克。

调料：白糖、水淀粉适量。

制做：

1. 将莲子放入沸水中焯约 1 分钟，捞起倒入盅内，加适量开水，入蒸笼用中火蒸 30 分钟至六成熟，加少许白糖，再蒸 30 分钟取出。

2. 将锅洗净放在火上，放入适量白开水，加适量白糖。烧沸后先下鲜奶，后下莲子，再烧至微沸，水淀粉勾芡即成。

聪明宝宝营养指南

● 奶油白菜汤

主料：白菜 20 克，牛奶 100 毫升。

调料：盐适量。

制做：

1. 白菜用淡盐水泡 5 分钟用清水冲洗干净后，剁碎。

2. 锅内加水烧开后放碎白菜，小火煮片刻。

3. 捞出碎白菜，将白菜水凉至常温后，放入牛奶、盐调匀即可。

● 青菜粥

主料：青菜 4 棵，米饭 1 碗。

调料：盐、鸡精、香油各适量。

制做：

1. 将青菜掰开洗净后，放入沸水中焯烫半分钟后捞出，用冷水浸泡，待冷却后沥干切碎备用。

2. 将焯青菜的开水倒掉，重新倒入清水，大火加热至沸腾后，倒入米饭，搅散后，改成中小火加热。

3. 煮 20 分钟待米粒破开后，放入青菜碎、盐，鸡精和香油，搅拌均匀后即可。

● 柠檬乳鸽汤

主料：乳鸽 300 克，猪排骨 200 克，柠檬 40 克。

调料：姜、盐各适量。

制做：

1. 洗净宰好的乳鸽，斩大件；洗净排骨，斩块，和乳鸽一起汆水，捞起沥水。

2. 用盐和少许水揉搓柠檬表皮，然后冲净，取半个切片，去核。

3. 煮沸清水，放入所有材料，武火煮 20 分钟，转文火煲 1.5 小时，放入柠檬片，煲 10 分钟，下盐调味即可食用。

肉丁西蓝花

主料：猪瘦肉25克，西蓝花50克．

调料：植物油、葱末、姜末、花椒面、水淀粉、盐各适量．

制做：

1. 猪肉洗净，切丁，加水淀粉拌匀；西蓝花洗净，掰成小朵，入沸水中焯烫，捞出。

2. 锅置火上，倒入适量植物油，烧至五成热时，放入裹有淀粉糊的肉丁，炸透捞出。

3. 锅底留少量油，加葱末、姜末爆香，然后放入肉丁、西蓝花翻炒，至西蓝花熟时加入花椒面、盐调味即可。

菜花糊

主料：菜花300克。

调料：盐适量。

制做：

1. 菜花去梗，入盐水中浸泡片刻，洗净，掰成小朵，放入碗内。

2. 蒸锅内加入适量清水大火烧沸后，放入处理好的菜花，隔水蒸10分钟，至菜花变软。

3. 取出小碗，将菜花放入凉开水中过凉，用汤勺将菜花压成糊，放入盐调味即可。

橘子柠檬酸奶

主料：浓缩的柠檬汁、酸奶各200毫升，新鲜橘子1个。

调料：白糖适量。

制做：

1. 橘子洗净，剥皮，分成瓣。

2. 柠檬汁用搅拌机搅拌1分钟，然后加入酸奶，再搅拌10秒钟，倒入碗中。

3. 放入新鲜橘子瓣，加白糖即可。

● 咸蛋黄冬瓜条

主料：冬瓜 400 克，熟咸蛋黄 80 克。

调料：花椒、葱姜末、芝麻、淀粉、吉士粉、精盐、料酒、植物油各适量。

制做：

1. 冬瓜切成条后加精盐；将淀粉和吉士粉拌匀成混合粉；熟咸蛋黄压碎，芝麻炒熟。

2. 将冬瓜条均匀蘸好混合粉下六成热油中炸至熟时捞出，待油温回升到七成热时复炸至外壳香脆且色泽金黄时捞起。

3. 锅中加少许油烧热后加入花椒、葱姜末及咸蛋黄末煸炒，下冬瓜条，烹料酒，翻炒均匀后装盘，撒上熟芝麻即成。

营养经

咸蛋黄畐含卵磷脂与不饱和脂肪酸、氨基酸等人体生命重要的营养元素。

● 鱼香肉丝

主料：瘦肉 250 克，水发木耳 70 克，胡萝卜半根。

调料：泡椒末、葱、姜块、蒜、淀粉、食用油、酱油、高汤、香醋、盐、白糖、鸡精各适量。

制做：

1. 将瘦肉洗净切成粗丝，盛于碗内，加盐和水淀粉调匀；葱姜蒜洗净切丝备用；木耳和胡萝卜切丝备用。

2. 把白糖、酱油、香醋、盐、葱花、姜末、蒜末、高汤、鸡精、水、淀粉调成鱼香汁。

3. 锅内放油，烧至五成热油时倒入肉丝，炒散后下入泡椒末，待炒出色时，再将木耳、胡萝卜丝和鱼香汁倒入，急炒几下即可。

● 牛肉炒甜椒

主料: 肉（瘦）、红、黄甜椒各50克。

调料: 酱油、甜面酱、盐、姜、淀粉、植物油各适量。

制做:

1. 将牛肉去筋洗净，切丝，加入盐、淀粉调匀码味；甜椒、嫩姜切丝；酱油、淀粉调汁备用。

2. 锅内放少许油烧热后，先炒甜椒到断生，捞出；锅内加油烧热后，放入牛肉丝炒散，放甜面酱炒到断生，再放入甜椒丝、姜丝，炒出香味，勾入芡汁，翻匀即可。

● 银耳鸽蛋糊

主料: 银耳(干)5克，鸽蛋12个。

调料: 核桃仁、荸荠粉、白砂糖各适量。

制做:

1. 水发银耳去蒂，洗净，摘成朵，入碗中，加清水适量，上笼蒸透，取出；核桃仁入温水中泡片刻，撕去皮，洗净；荸荠粉入碗，用冷水调匀浆；鸽蛋磕碗中，入温水锅中煮成溏心蛋，捞起。

2. 锅置火上，加清水适量，倒入银耳，倒入荸荠浆、核桃仁，加白砂糖，用手勺搅动；待其烧沸呈糊状时，倒入鸽蛋，起锅盛入大汤碗即可。

● 虾仁炒丝瓜

主料: 虾仁150克，丝瓜250克，红椒20克，鸡蛋1只。

调料: 盐、鸡粉、料酒、水淀粉、胡椒粉、香油、葱、姜各适量。

制做:

1. 将丝瓜去皮去瓤改刀成象眼片，红椒改刀成象眼片。

2. 将虾仁粘去水分，蘸少许盐、料酒、鸡蛋清、淀粉上浆拉油。

3. 锅内留底油煸香葱姜放滑好的虾仁、丝瓜、红椒加盐、鸡粉、胡椒粉调好味，勾少许欠点入香油即可。

聪明宝宝营养指南

● 洋葱炒湖虾

主料：小湖虾 200 克，洋葱丝 30 克，香菜 20 克。

调料：盐、鸡粉、胡椒粉、香油、料酒各适量。

制做：

1. 小湖虾清洗干净，洋葱改刀成丝，香菜洗净切段。

2. 将小湖虾拍干淀粉炸成金黄色控油。

3. 锅内留底油煸香葱头，放入炸好的小湖虾，烹料酒加盐、鸡粉、胡椒粉翻炒几下入味后撒香菜淋香油即可。

营养经

洋葱营养丰富，且气味辛辣，能刺激胃、肠及消化腺分泌，增进食欲，促进消化，且洋葱不含脂肪，其精油中含有可降低胆固醇的含硫化合物的混合物，可用于治疗消化不良、食欲不振、食积内停等症。

● 清炒生蛤肉

主料：生蛤 600 克，九层塔嫩叶 20 片。

调料：葱、蒜、姜、红椒、料酒、高汤、盐、植物油各适量。

制做：

1. 生蛤吐沙，洗净；葱、姜分别洗净，切成末；蒜去皮，洗净，切末；红椒去蒂子，洗净，切片；九层塔嫩叶洗净，沥干。

2. 锅置火上，加入适量植物油，油热后放葱末、姜末、蒜末、红椒片，然后再放生蛤翻炒数下，淋入料酒与高汤。

3. 大火煮至生蛤略开，拌入九层塔叶，加盐调味，关火，加盖焖 3 分钟左右即可。

● 牛奶炖猪蹄

主料：猪蹄 500 克，牛奶 250 毫升。

调料：盐适量。

制做：

1. 猪蹄去毛，洗净，切成两半。

2. 锅置火上，加入适量清水，大火煮沸，放入猪蹄，盖锅盖，用小火将猪蹄炖烂，加入牛奶、盐煮沸后关火即可。

● 韭菜炒鸡蛋

主料：韭菜 150 克，鸡蛋 3 个，黑木耳(水发)20 克。

调料：花生油 15 克，盐 5 克。

制做：

1. 将韭菜洗净切成段，鸡蛋打散，黑木耳洗净切成丝。

2. 锅内烧油，下入打散的鸡蛋，用小火炒至蛋五成熟。

3. 然后加入韭菜段、黑木耳丝，调入盐，再用小火炒熟即可。

科学营养 益智健脑食谱

孩子大脑发育非常重要的，家长要重视选择宝宝的食物，经常让宝宝吃些健脑的食物，这样就可以增强宝宝的发育。

● 草莓酱配橙肉

主料：橙子肉200克。

调料：草莓酱50克，蜂蜜2克。

制做：

将橙子洗净改刀切成块，草莓酱、蜂蜜拌均匀挤在橙子上即可。

营养经

草莓酱含有果糖、蔗糖、柠檬酸、苹果酸、水杨酸、氨基酸以及钙、磷、铁等矿物质及多种维生素，还含有果胶和丰富的膳食纤维。

● 海苔山药卷

主料：山药泥200克，海苔50克。

调料：蜂蜜10克。

制做：

1.将山药清洗干净，削去外皮蒸50分钟，把蒸好的山药碾成山药泥加入蜂蜜放凉。

2.把海苔平铺在案板上抹上山药泥卷成卷，切成菱形即可。

● 香菇豆腐

主料：香菇 150 克，豆腐 150 克，高汤 100 克。

调料：葱、姜、盐、香油、鸡粉、胡椒粉各适量。

制做：

1. 将鲜香菇洗净去根，加葱、姜、高汤煮熟捞出切成粒备用。

2. 豆腐切成方块加盐、鸡粉、高汤煨入味。

3. 香菇粒加盐、鸡粉、胡椒粉、香油调好味撒在豆腐上即可。

制做关键：北豆腐有豆腥味，要先焯水去除腥气再用二汤煨制，这样的味道会更好。

● 三色虾仁

主料：虾仁 200 克，胡萝卜 10 克，豌豆 10 克。

调料：盐、味精、香油各适量。

制做：

1. 将虾仁去虾线洗净焯水备用。

2. 将胡萝卜洗净切成丁状与豌豆一起焯水放入容器中加虾仁、盐、味精、香油调好味即可。

制做关键：虾仁焯水时加入姜片花椒粒能有效地增加香气除去异味。

● 黄瓜拌金针菇

主料：金针菇 300 克，黄瓜丝 50 克。

调料：盐、鸡粉、香油、蒜茸各适量。

制做：

1. 将金针菇清洗干净改刀切成两段焯水。

2. 黄瓜洗净切成细丝。

3. 把金针菇和黄瓜丝放入容器中加盐、鸡粉、香油、蒜茸拌均即可。

聪明宝宝营养指南

● 松仁玉米

主料：玉米粒 200 克，松仁 50 克。

调料：盐、香油、鸡粉各适量。

制做：松仁用油炸香，玉米粒焯水，加入盐、鸡粉、香油拌均即可。

制做关键：松仁用温油慢火炸，刚一上色马上捞出放凉，否则时间长会糊变苦。

● 五香鱼块

主料：桂鱼 200 克，蒜子 10 克。

调料：葱、姜、五香粉、盐、鸡粉、豆豉汁、香油、料酒、油各适量。

制做：

1. 将桂鱼宰杀好切成 5 厘米长 2 厘米宽的块，加葱、姜、蒜、料酒、盐、鸡粉腌制 30 分钟，取出鱼块入热油中炸成金黄色捞出备用。

2. 锅内放少许油，煸香葱姜蒜子放入炸好的鱼块烹入料酒加水没过鱼块，加五香粉、盐、鸡粉、豉油汁调好口味烧开，撇去沫子转小火把汁收浓即可。

制做关键：炸鱼的时候要炸的干些，否则炖鱼的时候鱼块容易碎。

营养经

桂鱼含有蛋白质、脂肪、少量维生素、钙、钾、镁、硒等营养元素，肉质细嫩，极易消化，对儿童、老人及体弱、脾胃消化功能不佳的人来说，吃桂鱼既能补虚，又不必担心消化困难。

● 百合荷兰豆

主料：荷兰豆 200 克，百合 50 克。

调料：盐、香油、鸡粉各适量。

制做：

1. 将荷兰豆清洗干净去筋切成菱形块。

2. 百合洗净掰成瓣，与荷兰豆一起焯水。

3. 把焯好水的主料加盐、香油、鸡粉调好味即可。

百合含有淀粉、蛋白质、脂肪及钙、磷、铁、镁、锌、硒、维生素 B1、维生素 B2、维生素 C、泛酸、胡萝卜素等营养素。

● 番茄豆花小肥羊

主料：小肥羊片 250 克，番茄 100 克，嫩豆腐 150 克。

调料：葱、姜、番茄沙司、盐、鸡粉、酱油、糖、胡椒粉各适量。

制做：

1. 番茄改刀成滚刀块，嫩豆腐用勺挖成块。

2. 将嫩豆腐焯水放入汤碗中，小肥羊肉放入开水中烫一下放在豆腐上。

3. 锅内放入少许的油，煸香葱姜放入番茄沙司和番茄块煸炒出红油，加酱油、鸡汤、盐、鸡粉、胡椒粉调好味淋入碗中即可。

西红柿含的"西红柿素"，有抑制细菌的作用；西红柿里的苹果酸、柠檬酸和糖类，有助消化的功能。西红柿富含的维生素 A 原，在人体内转化为维生素 A，能促进骨骼生长，防治佝偻病、眼干燥症、夜盲症及某些皮肤病的良好功效。

聪明宝宝营养指南

● 迷你三明治

主料：吐司面包 4 片，猕猴桃 1 个，三明治火腿 1 片。

调料：草莓果酱 20 克，卡夫奇妙酱 15 克，生菜 30 克。

制做：

1. 吐司面包切去边皮备用。

2. 猕猴桃切成薄片，三明治火腿顶刀切成片备用。

3. 面包片上均匀码放猕猴桃片，再抹上草莓果酱，压上一片面包片，再放上生菜叶和火腿片，抹上卡夫奇妙酱，再盖上一片面包，轻压下，用刀对角切成三角形即可食用。

营养经

面包含有蛋白质、脂肪、碳水化合物、少量维生素及钙、钾、镁、锌等矿物质，口味多样，易于消化、吸收，食用方便，在日常生活中颇受人们喜爱。

● 西蓝花土豆泥

主料：土豆 50 克，西蓝花 20 克，胡萝卜 10 克，早餐火腿肠 5 克。

调料：盐、白糖各适量。

制做：

1. 土豆去皮切成厚片放纱布上蒸 20 分钟，取出做成土豆泥。

2. 早餐肠和胡萝卜切碎，加盐、白糖与土豆泥搅拌均匀即可。

3. 西蓝花入盐水烫熟码放旁边。

营养经

西蓝花的维生素 C 含量极高，不但有利于人的生长发育，更重要的是能提高人体免疫功能，促进肝脏解毒，增强人的体质，增加抗病能力。

● 排骨真菌海鲜

主料： 猪排 150 克，虾仁 50 克，鱼丸 10 个，卤蛋 1 个，鲜香菇 4 朵，油菜 2 棵。

调料： 葱、姜、料酒、生抽、老抽、盐、白糖、色拉油各适量。

制做：

1. 排骨剁成骨牌块，飞水备用。

2. 虾仁去虾线，香菇去根洗净。

3. 油菜洗净飞水烫熟码放盘边。

4. 锅内放少许油，爆香葱姜放入排骨加汤炖熟，再放入料酒、生抽、老抽、色拉油、白糖、鱼丸、卤蛋、香菇、虾仁入味，大火收汁装入盘中。

营养经

猪排骨除含蛋白质、脂肪、维生素外，还含有大量磷酸钙、骨胶原、骨粘蛋白等，可为幼儿和老人提供钙质。

● 五色小丸子

主料： 虾仁 200 克，芹菜、胡萝卜、鲜香菇、玉米粒各 10 克，土豆 5 克。

调料： 葱、姜、色拉油、盐、胡椒粉、味精、料酒、淀粉各适量。

制做：

1. 虾仁去虾线剁成虾茸加盐、味精、胡椒粉、料酒拌均备用。

2. 芹菜洗净切成小粒，土豆去皮切小粒，胡萝卜切成小粒，香菇切成粒与玉米粒一起焯水，滤去水分。

3. 虾馅加入焯好水的五彩料加盐、味精、胡椒粉、淀粉拌均打上劲，挤出小丸子入油锅炸成金黄色即可。

聪明宝宝营养指南

● 水果鸡蛋羹

主料：西瓜 10 克，猕猴桃 10 克，菠萝 10 克，火龙果 10 克，橙子 10 克，鸡蛋 4 个。

调料：盐适量。

制做：

1. 西瓜、猕猴桃、菠萝、火龙果、橙子取肉切成小粒。

2. 鸡蛋打散加 3 倍温水加盐打均匀，上蒸屉蒸 8 分钟，表面定型后放入切好的水果粒再蒸半分钟使水果香气融入蛋羹即可。

● 香蕉煎饼

主料：中筋面粉 100 克，牛奶 220 毫升，鸡蛋 1 个，黄油 20 克，泡打粉 2 克，香蕉 1 根。

调料：糖、香蕉果酱适量。

制做：

1. 面粉加牛奶、鸡蛋、泡打粉、糖、香蕉果酱和水搅拌成糊状。

2. 香蕉切成小粒备用。

3. 锅烧热内放少许黄油，倒入一勺面糊，摊开后散上香蕉粒，煎熟即可。

科学营养 明目食谱

人们常说：要像爱护自己的生命一样，爱护自己的眼睛。可见眼睛的保健十分重要。每位妈妈都希望自己的宝宝拥有一双明亮的眼睛，要达到这一点，妈妈们不妨多给做些明目亮睛的食物。吃什么对眼睛好？吃什么食物对宝宝眼睛发育有帮助？下面介绍的几种食物妈妈可以多给宝宝食用。

● 香拌海带丝

主料： 海带丝200克。

调料： 盐、鸡粉、蒜蓉、香油、花椒油各适量。

制做：

1. 将海带清洗干净在油盐水中煮熟。

2. 将海带放凉后切成细丝，加入鸡粉、盐、蒜茸、香油、花椒油拌均即可。

制做关键： 海带丝再加醋的清水中泡10分钟，口感会更爽滑。

● 油泼莴笋

主料： 嫩莴笋500克。

调料： 橄榄油、葱、姜、红椒、香油、盐、生抽、花椒。

制做：

1. 嫩莴笋去皮切成菱形片焯水放入盘中。

2. 红辣椒顶刀切碎。

3. 锅内放少许油，煸香花椒和红椒碎，放入葱姜、生抽、盐、香油调成汁淋在青笋上即可。

制做关键： 花椒要慢火才能煸出香味，火大容易糊变苦。

糖醋青椒

主料：青椒 250 克。

调料：葱、姜、蒜、醋、糖、生抽、盐、水淀粉各适量，鸡精、香油少许。

制做：

1. 青椒去籽洗净，切丝。

2. 炒锅倒油烧热放入青椒翻炒，片刻后加入葱姜蒜爆香，继续翻炒至青椒表皮发白起皱，加入醋、糖翻炒，再加入生抽和盐，和适量的清水烧制青椒入味。

3. 汤汁快干勾入适量的水淀粉，再加少许鸡精、香油翻炒均匀关火即可。

鸡肉炒藕丝

主料：鸡肉 50 克，莲藕 200 克。

调料：红辣椒、酱油、白砂糖、植物油各适量。

制做：

1. 将鸡肉切成丝，干辣椒和藕均切成丝，起锅放油烧热后放入干辣椒丝。

2. 炒到有香味时，加鸡肉丝。

3. 炒到收干时加藕丝，炒透后加酱油、糖调味，食用时置于盘内，四周用菜叶点缀。

韭菜炒羊肝

主料：韭菜 100 克，羊肝 120 克。

调料：植物油、姜、葱、酱油、味精各适量。

制做：

1. 韭菜洗净，切成小段；羊肝洗净，去筋膜，切片。

2. 起锅加油，先下葱、姜末，炒出香味，加入羊肝片略炒，再入韭菜和酱油，用旺火急炒，至熟，加味精即成。羊肝要炒熟、炒匀，以免生肉有毒菌，也可先用水煮，熟后再炒，比较安全。

● 荠菜粥

主料：鲜嫩荠菜100克，粳米100克。

调料：白糖、精盐、植物油各适量。

制做：

1.将荠菜洗净，切碎，压轧取汁（或用白净布绞汁），粳米淘洗净。

2.将粳米放入锅内，加水适量，先用大火烧沸，转为小火熬煮到米熟，下入白糖、食油、精盐、菜汁，继续用小火熬煮到米烂成粥，即可食用。

此粥烂软，味咸微甜，功用为清热解毒，凉血止血。研究认为荠菜甘淡酸凉，具有抗肿瘤止血作用。

● 海参煲鸡汤

主料：鸡胸肉500克，火腿50克，海参500克，胡萝卜350克。

调料：姜、大葱、盐各适量。

制做：

1.鸡肉洗净，切条，放入滚水中煮10分钟，取出洗净沥水；胡萝卜去皮，洗净切角形；海参洗净。

2.水适量放入锅中烧滚，放入姜1片，葱适量，下海参煮5分钟，捞起，用清水洗净。

3.锅置火上，加适量水，放入鸡条、火腿、胡萝卜、姜1片煲滚，慢火煲2小时，放入海参再煲1小时，下盐调味即可。

● 菊花粳米粥

主料：菊花50克，粳米150克，冰糖20克，矿泉水适量。

制做：

1. 菊花碾碎去蒂加少许清水泡软。

2. 锅上火加水放入洗干净的粳米煮20分钟放入菊花同煮成粥，最后加冰糖即可食用。

● 鸡肝蒸肉饼

主料：猪肉馅100克，鸡肝2只，鸡蛋1个。

调料：葱、姜、大豆油、生抽、生粉、盐、味精、料酒、糖、胡椒粉各适量。

制做：

1. 猪肉馅加大豆油、盐、味精、料酒、生抽、胡椒粉、葱、姜末、鸡蛋、淀粉调好口打上劲。

2. 鸡肝洗净切成小粒与猪肉馅拌均。

3. 取盘子，把肉馅在盘子上抹平，成肉饼状，上蒸箱蒸12分钟，肉饼熟后即可。

● 菠菜丸子汤

主料：菠菜100克，瘦猪肉少许。

调料：葱末、酱油、水淀粉、姜末、盐、香油、鸡粉各适量。

制做：

1. 将菠菜摘洗干净，切成4厘米左右的段；将瘦猪肉剁成泥，加盐少许、酱油顺一个方向搅上劲，再加入水淀粉、葱末、姜末、香油继续搅上劲，搅好后备用。

2. 在锅中加入适量水和鸡粉，烧开后，改用小火，把调好的猪肉泥制成小丸子下锅，烧透烧熟，加适量盐调味，最后下菠菜段，开锅即成。

● 响螺片怀杞鸡爪汤

主料： 鸡爪 1 只，猪排骨 500 克，干响螺片 60 克，山药块、枸杞子各 25 克。

调料： 姜片、葱段、盐各适量。

制做：

1. 响螺片洗净；枸杞洗净；鸡爪洗净，切去爪甲。

2. 砂锅中放水加入姜片、葱段烧沸，放入响螺片、鸡爪、排骨煮 5 分钟，取出洗。

3. 锅内放入鸡爪、山药块、枸杞子、响螺片、排骨、姜片煲沸，转小火炖 3 小时，下盐调味即可。

营养经

鸡爪的营养价值颇高，含有丰富的钙质及胶原蛋白，多吃不但能软化血管，同时具有美容功效。排骨除含蛋白、脂肪、维生素外，还含有大量磷酸钙、骨胶原、骨粘蛋白等，可为幼儿提供钙质。

● 滑溜肝尖

主料： 鲜猪肝 500 克，水发木耳 50 克，青椒 30 克，胡萝卜 10 克。

调料： 葱、姜、老抽、料酒、白糖、味精、陈醋、胡椒粉、香油、蒜茸、水淀粉、盐、生抽各适量。

制做：

1. 猪肝洗净切成薄片，加葱姜料酒腌制 10 分钟再上浆。

2. 黑木耳涨发好备用。

3. 青椒切成三角块，胡萝卜去皮切成菱形片备用。

4. 锅内倒适量的油烧热下猪肝滑熟，黑木耳与青椒、胡萝卜片一起拉下油。

5. 锅内加少量油，爆香葱姜蒜放入猪肝烹入料酒生抽老抽翻炒几下裹上色，放入木耳、青椒、胡萝卜，加入盐、味精、白糖、胡椒粉调好味，中火翻炒熟，出锅前放少许香油，烹适量陈醋即可。

制做关键： 猪肝要温油下锅，刚熟即可倒出，不要长时间拉油，这样的猪肝会变得很硬很老影响口感，再有腌制猪肝时加少量白酒，做出来的猪肝更嫩味道更好无异味。

科学营养 健齿食谱

　　父母都希望自己的宝宝长一口洁白整齐的牙齿，宝宝牙齿的生长发育与营养物质的摄入有着密切关系。作为父母，应培养宝宝养成不偏食、不挑食的好习惯，此外还要有意识地让宝宝多吃一些健齿食物，以促进宝宝牙齿的健康发育。

● 玉米笋炒芥蓝菜

　　主料：芥蓝 500 克，玉米笋 150 克。

　　调料：蒜、料酒、盐、植物油各适量。

　　制做：

　　1. 芥蓝洗净，切段；玉米笋洗净，切斜段；蒜去皮，洗净，切末备用。

　　2. 芥蓝段和玉米笋段一起放入沸水中焯烫，捞出沥干。

　　3. 锅中倒油烧热，爆香蒜末，放入芥蓝及玉米笋炒熟，最后加料酒、盐调味即可。

● 酱爆墨鱼

　　主料：鲜墨鱼 300 克。

　　调料：植物油、黄豆酱、绍酒、香油、精盐、味精、葱、蒜片、姜末、淀粉各适量。

　　制做：

　　1. 墨鱼洗涤整理干净，切细丝，下入沸水中焯烫卷曲，即刻捞出，沥净水分，再下入八成热油中冲炸一下，倒入漏勺。

　　2. 原锅留少许底油，用葱、姜、蒜炝锅，烹绍酒，加入黄豆酱、精盐、味精炒香，添汤烧开，用水淀粉勾芡，下入墨鱼卷，翻爆均匀，淋香油，出锅装盘即可。

● 八宝鸭

主料：麻鸭 1 只，虾仁、甜豆、火腿丁、香菇丁、笋丁、栗子肉各 20 克，莲子 10 克，糯米 100 克。

调料：美极鲜酱油、盐、味精、色拉油、麦芽糖水各适量。

制做：

1. 麻鸭整只去骨，冲净血水；将八宝料加入盐、味精、美极鲜酱油炒至半熟待用。

2. 将炒好的八宝料塞入鸭子体内，用草绳扎成葫芦状，再次焯水后扎几个气孔，上笼蒸 2.5～3 小时至熟。

3. 待鸭冷却后，擦上麦芽糖水再晾干，起油锅炸至金黄色，整只装盘即可。

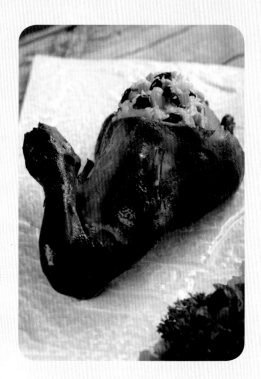

● 海带排骨汤

主料：猪排 300 克，海带丝 50 克。

调料：盐、油、葱白段，姜片。

制做：

1. 将排骨洗净，切成小段，待用。

2. 将洗干净的砂锅盛置于火上，放少许油，油热后，放入姜片和葱白段爆热后，放入适量的水；待水开之后先将排骨倒入锅中，再把排骨捞出，滤水。

3. 再将清洗干净的砂锅盛适量的水，把排骨放进水中用大火炖；待水滚开后，放入海带丝合炖；待海带排骨炖得差不多时，放入适量的盐，改为中火炖 5～6 分钟后，关火即可。

● 醋熘白菜

主料：白菜 300 克。

调料：植物油、花椒、红辣椒、精盐、酱油、米醋、白糖、水淀粉各适量。

制做：

1. 将白菜洗净，斜刀切块。

2. 将油放入锅内，下入花椒和红辣椒，投入白菜，用油煸炒几遍，烹醋、酱油，下白糖、精盐，勾芡，出锅即成。

● 奶汁烤鳕鱼

主料：鳕鱼肉 500 克。

调料：植物油、味精、盐、胡椒粉、奶粉、面粉各适量。

制做：

1. 鳕鱼肉洗净，切成小段，撒上盐和胡椒粉，腌渍 30 分钟。

2. 油锅烧热，放入鱼段两面煎黄。

3. 将奶粉及适量面粉、味精、盐用水调成稀糊状后，放入鱼块拌匀，放入烤箱，烤约 15 分钟即可。

● 香肠炒圆白菜

主料：圆白菜 400 克，香肠 50 克。

调料：植物油、蒜片、白糖、盐各适量，花椒少许。

制做：

1. 圆白菜切成小块，洗净沥干水待用；香肠切成片待用。

2. 锅中少许油热后，关小火，放入蒜片爆香，再放入花椒，放入香肠片炒出油，盛出待用。

3. 炒锅烧热，放入适量植物油，放入圆白菜炒熟，最后倒入待用的香肠片翻炒均匀，放少许糖提鲜，加少许盐调味即可。

宝宝特效功能食谱

枸杞黄鱼豆腐羹

主料：黄鱼肉 100 克，嫩豆腐 150 克，枸杞 3 克，豆苗 3 克，清汤 400 克。

调料：盐、鸡粉、胡椒粉、水淀粉、香油各适量。

制做：

1. 将黄鱼宰杀好洗净，去皮去骨改刀切粒焯水。

2. 嫩豆腐改刀切小粒焯水。

3. 锅内放入清汤放入鱼粒、豆腐粒，加盐、鸡粉、胡椒粉调好口煨制入味，勾芡点少许香油即可。

莲子山药粥

主料：莲子、粳米各 50 克，淮山药、薏米各 30 克。

调料：白糖适量。

制做：

1. 莲子、山药、粳米、薏米洗净浸透，莲子去芯。

2. 砂锅置火上，放入莲子、山药、粳米、薏米煲 1.5 小时。

3. 再加入白糖稍煮片刻即成。

红枣羊骨糯米粥

主料：羊胫骨 1 ~ 2 根（猪骨也可），红枣 20 枚，糯米 50 克。

制做：

1. 将羊胫骨（或猪骨）敲碎，红枣去核。

2. 将以上材料加入适量的水于锅中熬煮约 1 小时即可。

海鲜山药饼

主料：虾 100 克，山药 500 克，鸡蛋 1 个。

调料：盐、淀粉、植物油各适量。

制做：

1. 虾洗净，剥壳，去除沙线，剁成泥；山药去皮，洗净，上锅蒸熟，碾成山药泥。

2. 在虾泥、山药泥内放入打散的鸡蛋、淀粉、盐拌匀，再做成 10 个小圆饼生坯。

3. 平底锅置火上，放油，将小圆饼放入，煎至两面呈金黄色即可。

栗子粥

主料：大米 200 克，栗子 50 克。

调料：盐少许。

制做：

1. 大米洗净，用水浸泡 1 小时；栗子煮熟、去皮、切碎。

2. 锅置火上，加适量清水，放入泡好的大米，用小火熬粥。

3. 待粥沸时，加入栗子碎，再用小火煮 10 分钟左右至熟，粥黏稠后加入少许盐调味即可。

科学营养 开胃消食食谱

厌食、偏食是小儿时期的一种常见病症，需及时调整，否则会导致宝宝发育迟缓，体质下降，影响宝宝的生长发育。下面推荐几款适合 1 ～ 6 岁宝宝的开胃食谱。

● 雪梨山楂粥

主料：雪梨1个，大米50克，山楂30克。

调料：白糖适量。

制做：

1. 大米清洗干净后，放入冰柜当中冰冻2个小时后小火熬粥。

2. 雪梨、山楂分别洗净、去核、切丁。

3. 砂锅置火上，加入适量清水，放入大米煮粥。

4. 将雪梨、山楂倒入砂锅粥内，煮沸即可。

营养经

雪梨可以生津止渴，山楂能够健脾开胃消积。这款粥的主要功效是清热泻火、消食导滞。

● 清煮嫩豆腐

主料：豆腐400克。

调料：葱、盐、香油、水淀粉各适量。

制做：

1. 豆腐洗净，切成小方丁，用清水浸泡30分钟，捞出沥水；葱洗净，切成葱花。

2. 锅置火上，加入清水、豆腐丁，大火煮沸后，用水淀粉勾薄芡，加入盐、葱花、香油调味即可。

聪明宝宝营养指南

● 粟米山药粥

主料：粟米 50 克，淮山药 25 克。

调料：白糖适量。

制做：

1. 将粟米淘洗干净；山药去皮，洗净，切成小块。

2. 锅置火上，放入适量清水，下入粟米、山药块，用文火煮至粥烂熟，放入白糖调味，煮沸即成。

● 鸡内金陈皮粥

主料：鸡内金 10 克，干橘子皮 5 克，砂仁 3 克，粳米 30 克。

调料：白糖适量。

制做：

1. 鸡内金、干橘子皮、砂仁研末备用。

2. 先将粳米加水煮粥，粥将成时加入药粉稍煮，加白糖适量调味。

● 鸭肫山药薏米粥

主料：新鲜鸭肫 1 个，山药、薏米各 10 克，大米 100 克。

调料：盐适量。

制做：

1. 鸭肫用清水洗净，剁成末；山药洗净，捣烂。薏米、大米分别洗净备用。

2. 砂锅置火上，加适量清水，放入鸭肫、山药、薏米、大米，用小火熬成稀粥。

3. 粥成后，加入盐搅匀即可。

营养经

鸭肫山药薏米粥有蛋白质，有蔬菜，又有杂粮，达到合理均衡饮食的要求，杂粮还能帮助宝宝肠胃的消化吸收，防止便秘。

宝宝特效功能食谱

高粱米粥

主料：高粱米 30 克，红枣 10 颗。

调料：牛奶适量。

制做：

1.高粱米洗净，放入锅中炒黄，盛出备用。

2.红枣洗净，去核，入锅中炒焦。

3.将炒好的高粱米、红枣一起研成细末，每次半勺，加入牛奶同煮，每日进食 2 次即可。

山楂神曲粥

主料：山楂、神曲各 30 克，大米 100 克。

调料：红糖适量。

制做：

1.山楂和神曲洗净，放锅中加水煎汁，取汁去渣。大米洗净。

2.锅内倒入大米和适量水，大火煮沸，加入药汁，煮成稀粥，加红糖调味即可。

北沙参甘蔗汁

主料：北沙参 15 克，鲜石斛、麦冬各 12 克，玉竹 9 克，山药 10 克，甘蔗汁 250 克。

调料：白糖适量。

制做：

1.鲜石斛、麦冬、玉竹、北沙参、山药分别用清水洗净备用。

2.砂锅置火上，加入适量清水，放入鲜石斛、麦冬、玉竹、北沙参、山药煎汁。

3.将煎好的汤汁过滤，放入甘蔗汁、白糖搅匀即可。

聪明宝宝营养指南

● 鸡内金粥

主料: 鸡内金20克(捣碎),粳米100克。

制做:

1. 先将鸡内金择净,研为细末备用。

2. 先取米淘净,放入锅内,加清水适量煮粥,待沸后调入鸡内金粉,煮至粥成服食。每日1剂,连续3~5天。

● 山楂麦芽饮

主料: 炒山楂、炒麦芽各10~15克。

调料: 红糖适量。

制做:

把山楂、麦芽及红糖一同放入锅内,加水煎汤,煎沸5~7分钟后,去渣取汁。以上为1日量,分作2次,当饮料温热服。

● 山楂糕

主料: 山楂500克。

调料: 白糖100克,藕粉15克,水250克。

制做:

1. 山楂清洗干净,一剖两半,去掉底部和山楂核。

2. 锅里放入250克的水,放入加工好的山楂,小火煮20分钟至山楂软烂。

3. 待山楂稍凉后,将山楂连同剩余的汁水一起放入搅拌机内搅打成山楂果泥。

4. 将山楂果泥倒入锅中,加入100克白糖小火慢慢搅拌,直到果泥变得黏稠冒泡泡。

5. 15克藕粉用少许凉白开溶化,然后倒入锅中,小火搅拌至非常黏稠,然后趁热倒入容器内,待冷却后即可切块食用。

宝宝特效功能食谱

● 麦芽煎

主料: 生谷芽、麦芽、去心莲子各 15 克，山药 10 克。

制做:

1. 将生谷芽、麦芽分别洗净，加水煎成汁备用；去心莲子、山药分别洗净备用。

2. 锅置火上，放入煎好的汁、莲子肉、山药，煮熟即可。

● 胡萝卜汤

主料: 胡萝卜 500 克。

调料: 白糖适量。

制做:

1. 将胡萝卜洗净，切碎，放入钢精锅内，加入水，上火煮沸约 20 分钟。

2. 胡萝卜煮烂加入白糖，调匀，即可饮用。

● 茯苓饼

主料: 茯苓细粉、米粉各 500 克。

调料: 白糖、植物油各适量。

制做:

茯苓细粉、米粉、白糖等量，把它们混合并加水适量，调成糊后，用微火在平锅里摊烙成极薄的煎饼即可。

● 消食脆饼

主料: 鸡内金 1 ～ 2 个，面粉 100 克。

调料: 盐、芝麻适量。

制做:

1. 将鸡内金洗净晒干或用小火焙干，研末。

2. 将鸡内金粉与面粉、盐、芝麻一起和面，擀成薄饼，置锅内烙熟，用小火烤脆即可。

聪明宝宝营养指南